科普知识大观园·走进奇妙的科学实验世界

就地取材

玩物理 Ⅱ

【德】D·纳赫蒂加尔

J·迪克赫费尔

G·彼得斯

郑仁蓉◎著

上海交通大学出版社
SHANGHAI JIAO TONG UNIVERSITY PRESS

U0295239

$E=MC^2$

内容提要

　　废旧日光灯管能发光？什么是世界上最忠诚的两性关系？火柴能点亮电灯？发光能指示电流方向？天上的彩虹可以人工制造吗？马路上油污的斑斓色彩来自哪里？……日常生活中,有太多的现象疑团吸引着我们好奇地思索。本书以实验、游戏、魔术等多种方式引导读者就地取材玩玩电磁学、电子学、光学三大方面的基础物理实验,并探讨实验中众多千奇百怪现象背后的原因。希望读者在实验和探索之中,体会学习物理之乐。

图书在版编目(CIP)数据

就地取材玩物理.2/(德)纳赫蒂加尔等著.—上海:上海
交通大学出版社,2015
(科普知识大观园.走进奇妙的科学实验世界)
ISBN 978 - 7 - 313 - 12594 - 1

Ⅰ.①就…　Ⅱ.①纳…　Ⅲ.①物理学—实验—普及读物
Ⅳ.①04 - 33

中国版本图书馆 CIP 数据核字(2015)第 015927 号

就地取材玩物理Ⅱ

著　　者：[德]D.纳赫蒂加尔　J.迪克赫费尔
　　　　　G.彼得斯　　郑仁蓉

出版发行：上海交通大学出版社		地　　址：上海市番禺路 951 号
邮政编码：200030		电　　话：021 - 64071208
出 版 人：韩建民		
印　　制：常熟市文化印刷有限公司		经　　销：全国新华书店
开　　本：787mm×960mm　1/16		印　　张：12
字　　数：209 千字		
版　　次：2015 年 3 月第 1 版		印　　次：2015 年 3 月第 1 次印刷
书　　号：ISBN 978 - 7 - 313 - 12594 - 1/O		
定　　价：36.00 元		

Preface
前 言

本丛书包括 I，II 两册，第 I 册分力学、热力学、振动和波三大部分，第 II 册包含电和磁、电子学、光学三大部分。两册均以基础物理实验做引导，在就地取材玩物理、做实验的基础上，在探究实验现象产生的原因中认识、学习、理解物理，进而欣赏物理之美，享受学习物理之乐。

本丛书有三大亮点：

（1）实验数目多，多达 365 个，力、热、声、光、电、磁、电子学等基础物理内容均有覆盖。读者通过一边阅读一边做实验会对物理科学涉及面之广泛有一个初步概念。

（2）每个实验都有一个精华提炼、诱人耳目的副标题，实验材料、实施过程、注意事项均有较详细的介绍。实验形式也比较多样：有感觉认知、常见物理现象的再现、探索故事、游戏、魔术等，读者会在自己动手实验的进程中体会物理的细节和实验成功的喜悦。

（3）在中学知识范围之内，对实验现象产生的原因进行了细致入微的讨论和顺势而为的应用拓展，间或穿插了一些相关的科学或科学家的小故事。读者会在感悟现象背后的物理思想之中实现知其然又知其所以然，顺便了解一点有趣的科学发展史。在内心深处好奇的精神需求得到一定满足的同时，体验到无比的愉悦。

以上三大亮点源自本丛书特殊的写作经历。此书的第一作者 D. 纳赫蒂加尔(Dieter K. Nachtigall)是德国多特蒙特大学的教授,一位享誉国际物理教育学界的知名学者,是他提供了由他和他的两个学生撰写的、本丛书的初步手稿。因为德国人的文化背景、思维方式与中国人有所不同,即使是同样的物理原理,有时他们也会表现出与我们不完全相同的视角,扩大了我们的视野,让中国人很有新鲜感。这点在本丛书实验的选择上体现得淋漓尽致。

可惜纳赫蒂加尔教授于 2010 年不幸逝世,于是除了翻译、还有大幅度补充、修改初稿的任务,就落在了第四作者,一位中国教育工作者的肩上,加上出版社从出版角度提供的宝贵意见,使此丛书又添加了明显的、读者熟悉的中国风格。

本丛书适合的读者包括:

(1)中学物理老师、小学自然课老师、各种青少年活动中心的科学老师及他们的学生。此丛书为他们和他们的学生开展课外科技活动、启蒙学生的好奇心和对科学的兴趣提供思路、素材和参考教材。

幼儿园大班的学生可以观看老师选出来的演示实验,潜移默化感受"科学"的熏陶;小学生可以观看演示或模仿老师做一些合适的实验,初步了解物质世界的神奇,激发对"科学"的兴趣;初中生可以在观看演示和动手中学到只靠课本学不到的、定性的或初步定量的物理实验和理论知识;高中生则可在老师指导下动手做实验之中,定性又定量地学习物理知识,切实掌握实验中隐含的物理思想。

但愿此丛书能成为开启学生学科学的兴趣、点燃孩子们智慧之光的星星之火。

(2)基础物理研究者。他们在利用本丛书直接或间接指导学生的过程中,可以探索基础物理教学的规律,帮助实现最佳教学效果。

（3）其他物理爱好者。物理是一门形象思维和逻辑思维紧密结合的实验学科，它还是我们研究看得见、看不见的整个物质世界的基础，是与生产生活密切相关的各种设施设备的重要原理基础。一旦进入，体会到其中的乐趣，会有一种欲罢不能的感觉。本丛书可以为这些好奇者们提供入门、进取或者消遣的借鉴。

因为各类读者的需求不同，本丛书的用法可以各取所需。做实验玩玩、探寻现象及其原因、甚至在本丛书的基础上进行更深入的研究。取其一、二、三单项或者多项，只要读者本人或读者群喜欢，都是不错的选择。

感谢上海交大出版社，感谢杨迎春博士、交大物理系孙扬教授、德国知名核物理学家 Peter. Ring 教授、德国多特蒙德技术（TU Dortmund）大学的 Werner Weber 教授；感谢原西南师大物理系、现西南大学物理学院的殷传宗、林辛未、陈志谦三位教授和纳赫蒂加尔教授的儿子 Christof Nachtigall 博士。是他们的热情帮助和支持，才使本丛书得以成形面世。

如果此丛书能得到中小学生、基础物理教育学界和其他爱好物理之人士的欢迎，将是对本丛书第一作者的最好纪念，也是对其余作者的最大奖励。

当然，本丛书在内容、写作方面的不足之处，也欢迎并感谢各位读者批评指正。

郑仁蓉

2015 年 1 月于上海

Contents
目 录

第一部分　电和磁

第二部分 电子学

第三部分　光学

第一部分　电和磁

一、静电学

 **实验1** **一把梳子的绝招——带电后吸引细屑、牵引乒乓球**

材料：塑料梳子，细纸屑，乒乓球，100％羊毛的羊毛衫

用一把干净干燥的梳子用力快速地梳头，或者把它半包在一件干净、干燥的100％羊毛的羊毛衫上用力快速摩擦，直至你感觉到梳子发热。当把梳子靠近细小干燥的纸屑、羊绒毛、木屑等，会发生什么？你会发现，这些细小纸屑、羊绒毛、木屑等会被带电的梳子吸引，纷纷想跳到梳子上去，如图1-1所示。

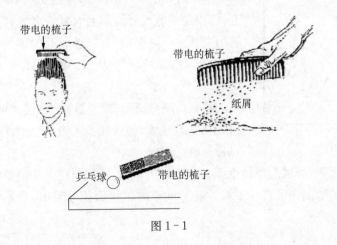

图1-1

还可以做如下的实验：把一个干净干燥的乒乓球放在桌上，用带电的梳子背面，靠近而不触碰到它，然后拿着梳子缓缓地远离已经靠近的乒乓球，乒乓球会跟着梳子一起缓缓地滚动。这是因为梳子背所带的负电荷的电场极化排斥电子到乒乓球的内表面，使乒乓球的外表面带上正电荷，正是梳背负电荷和乒乓球表面的正电荷相互吸引,使乒乓球跟着梳背的缓慢移动而移动。如果不小心梳背与乒乓球相接触,由于正负电荷中和,二者都不再带电,这时再把梳背移开,也不再能引导乒乓球运动。

早在公元前 600 年左右,摩擦起电的现象就被古希腊的学者泰勒斯(Thales)发现。现在,人们知道摩擦带电实际上是通过摩擦作用使电子从一个物体转移到另外一个物体的过程。经过摩擦而带电的物体之所以能够吸引小纸屑、绒毛屑等,能够像在实验中那样,引导轻小的不带电的乒乓球之类的物体运动,是因为带电物体上的电荷形成的电场使电介质发生极化,在靠近带电物体的地方产生与带电物体极性相反的束缚电荷。因为异种电荷相互吸引,电介质的细小屑末就会被带电物体吸引,乒乓球也会被引导而运动。

 实验2　给纸充电——摩擦起电成"干浆糊",把纸贴在了墙上

材料:纸(比如干燥且未用过的 A4 复印纸),100% 羊毛的羊毛衣衫,干净干燥无字的透明薄塑料袋,演讲用的透明投影胶片

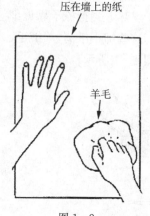

压在墙上的纸

羊毛

图 1-2

取一张纸,用一只手将其压在一面干净干燥的光滑墙上(比如用瓷砖贴面的墙),再把手松开。你会发现纸张立刻往下掉。

这一次,用一只手将同样的纸张压在同一面墙上,再用纯羊毛成分的羊毛衣衫或者塑料口袋从上往下用力地摩擦纸张,直至能感觉到摩擦生热再把手松开,你会发现纸张就像粘到了墙上,并不马上掉下来。如图1-2所示。

如果以塑料薄膜(投影胶片)来代替纸张,会观察到更明显的效果,即投影胶片在墙上粘得更结实,粘的时间也更长。

这是因为,摩擦起电使纸张外表面生出电荷,这些电荷产生的静电场使纸张和墙壁相接触的两面产生了极性相异的束缚电荷而相互吸引,导致纸张像是贴在了墙上。

 实验3　给气球充电——带电气球靠近啥黏糊啥

材料:气球

把一个气球吹大后,将口扎紧,留下约 50 cm 的线头。现在,把气球在纯羊毛的衣服上摩擦,或用纯羊毛头巾摩擦气球至你能感觉到摩擦生热为止。拿住扎气球口的线头的末端,对着墙壁、你的脸、你的肩膀等,观察发生的情况。你会发现,带电的气球试图往(光滑、干净、干燥的)墙壁、你的脸上或者肩头上贴。周围空气越干燥,效果越明显,如图 1-3 所示。

图 1-3

其原因当然还是摩擦起电使气球带电。在气球电荷的静电场中,不带电的墙壁、肩膀等因被极化而在与气球接触的近端产生了与气球电荷极性相反的束缚电荷,异性电荷相吸,就表现出了带电气球的黏糊劲儿。

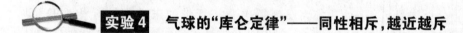

实验4　气球的"库仑定律"——同性相斥,越近越斥

材料:两个气球,线,100%羊毛的羊毛衫

把两个气球吹大,在开口处打一个结把口封住。用一根大约一米长的细线,把两个气球连接在一起。然后,抓住线的中点把气球向高处拉,则两个气球会并排吊在一起。

现在,两手分别拿住两个气球,把两个气球同时在铺在沙发上的纯羊毛衫上摩擦,并分别不时地转动两个气球,以使气球的比较大的表面都能因摩擦而带电。

再重复以上实验,即抓住气球连线的中点向上拉动两个气球,你会发现两个气球不再像前一次相互靠拢,而是被相互排斥得远远的,如图 1-4 所示。

也可以如下变更实验:把两个气球用两根一样长的线分别拴住,左手拿住一根线,右手拿住另一根线。现在你可以通过手的运动试图让摩擦带电的两个气

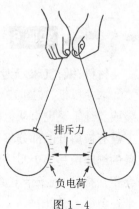

图 1-4

球碰在一起。你会发现,越是想将两个气球靠在一起,两个气球相互排斥的作用表现得越是强烈。你的意图彻底失败。因为,经过与羊毛的摩擦,两个气球的表面带有同种电荷,同性相斥,而且这种斥力随二者距离的缩短而增大。由于独立电荷间的相互作用遵循库仑定律,使两个气球看起来好像也遵循库仑定律一样。

实验5 **纸带条——越用力让两条纸带靠近,它们越是要各自纷飞**

材料:纸,无字的干净干燥的透明薄塑料袋,100%纯羊毛衫,100%尼龙长筒袜

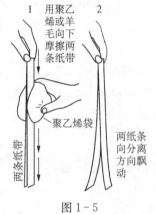

1 用聚乙烯或羊毛向下摩擦两条纸带 2

聚乙烯袋

两条纸带

两纸条向分离方向飘动

图1-5

剪下两条一样长宽的纸带(如干净、干燥的、无字的 A4 打印纸上剪下来的两条宽窄相同的纸带),对齐重叠地放在一起。然后用食指和大拇指捏住纸带的一端将其抬高,让纸带的另外一端松开,纸带会自然下垂。如图1-5所示。

用一个无色透明的塑料袋、一只尼龙长筒袜或者一条羊毛围巾分别向下快速用力地摩擦两条纸带。你会发现每次两条纸带的末端都被互相推开(见图1-5)。因为经摩擦后的纸带条外表面带上了同种电荷,两纸带条相对的内表面因极化产生了与外表面极性相异的电荷,从而两纸条内表面因电荷极性相同而相互排斥。你也可以用多种纸带,比如其他种类的纸条、透明胶片带等来做这个实验。探究一下,用哪种材料能得到最好的效果。

实验6 **纸蜘蛛——同种电荷的排斥力,让蜘蛛脚现形**

材料:纸,气球,无字干净干燥的透明薄塑料袋,100%纯羊毛围巾

取一段纸,按图1-6剪开。然后将它贴在光滑干燥的墙壁上,用一个塑料袋或者纯羊毛围巾从上向下用力摩擦它,直至能感觉到摩擦生热。现在,捏住纸上没有被剪开的部分移开墙面。观察会发生什么情况?你会发现,被剪开的纸条的细腿像是要迈步一样有分开的趋势。这是因为各个纸条带着同种束缚电荷会相互排斥,纸条带上剪开的缝是纸张联系的薄弱环节,这种排斥力就会让纸条带在剪缝上分开。

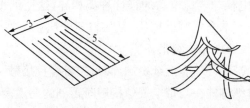

图 1-6

纸蜘蛛的实验也可以如下进行：取一张抽取式餐巾纸，把本身的两层纸分开，只取一层纸的 1/4，用剪刀将其剪成宽约 0.5 cm、长约 10 cm 的纸带条，把 5 根左右的纸带条合在一起对折，捏紧对折处，以方便将合在一起的 10 根左右的、原纸带条一半长的纸带束，一下子拿起来。纸带束的另外一端变成各自独立的 10 条蜘蛛腿。

用一件纯羊毛的羊毛衫或者羊毛围巾，按照实验 3（给气球充电）的方法让一个气球摩擦带电。然后一只手捏着纸蜘蛛，另一只手捏住带电的气球。让纸蜘蛛靠近气球上刚才摩擦过的带电集中的地方，你会发现纸蜘蛛的脚往一起并；让带电气球远离纸蜘蛛，则纸蜘蛛的脚就张开了。如图 1-7 所示。

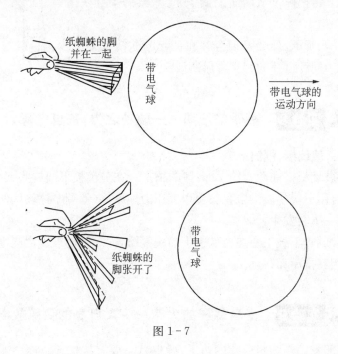

图 1-7

原因在于，当带电气球靠近纸蜘蛛时，蜘蛛脚梢被气球上电荷的电场极化而产生束缚电荷,这种电荷与气球电荷的极性种类相异,这使纸蜘蛛被气球吸引,形成蜘蛛的脚并拢。而带电气球远离后,纸蜘蛛每个脚梢上所带的同种电荷使各个脚相互排斥,导致纸蜘蛛的脚张开了。

如果第一步不是带电气球靠近纸蜘蛛,而是二者直接接触一会儿再分开,效果与上相同。只不过纸蜘蛛在与带电气球接触时得到的是因极化而与带电气球同种的电荷。带电气球远离纸蜘蛛后,各脚梢的同种电荷相互排斥,一样可使纸蜘蛛的脚张开。

 实验7　长筒袜的实验——电荷使袜筒张开

材料:尼龙长筒袜,聚乙烯塑料口袋

取一只100%尼龙成分的长筒袜或短筒袜,如商店卖的成分为100%尼龙的丝袜,把它按在光滑干净干燥的墙上。用一个干燥干净的、最好是无色透明的无字塑料口袋从上至下用力地对其摩擦大约10多次后,最好能感觉到摩擦生热为止。再把袜子从墙面上摘下来,观察一下会发生什么?

如图1-8所示,你会发现合并在一起的袜筒张开了。这同样是因为同种电荷的相互排斥所致。

图1-8

 实验8　蹦跳的纸屑——驱动之力,来自电荷

材料:书,玻璃板,纸屑

把一块玻璃板搭在两本约1 cm厚的书上。在玻璃板下面放些细小的纸屑、羊绒毛等,再用一块丝质围巾在玻璃板上用力地摩擦(丝绸摩擦玻璃使玻璃带正电荷),观察一下会发生什么?

细小的纸屑、羊绒毛会在玻璃板下活蹦乱跳,因为它们被极化产生了同种极性的电荷,相互排斥而跳动。

 实验9　出自鼻子的火花——人自身的尖端放电

让你的朋友站在塑料地毯的边上,确保其不要直接接地。你穿着皮鞋踢踢嗒嗒地走过羊毛地毯走近你的朋友,使你们的鼻子几乎就要触碰到一起,视空气湿度而定,你们多多少少会经历一些强烈的感觉。你因与羊毛地毯摩擦而带电,你的鼻尖因其尖而相对来说容易放电。鼻子越尖,空气湿度越小,效果就会越大。

这个实验欧美国家的人做起来比较方便。这是因为他们家里有铺地毯的习惯,而且鼻子也比较尖。如果你或你的朋友有相应的条件,也可以试试看。或者自己制造相应条件选取一个带电的尖端试试。

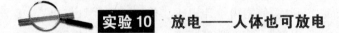

实验 10 放电——人体也可放电

材料:4 个玻璃器皿,木屑板,猫皮

在暖气片附近的地上,竖直摆放 4 个结实的玻璃器皿(玻璃器皿用来与地面绝缘,果酱玻璃瓶完全适合本实验的要求),再在玻璃器皿上放上平板,使人能站在上面做实验从而没有危险。

现在,你自己站在平板上,让你的朋友用猫皮在你背上用力摩擦大约 1 分钟,使你带电。你伸出一根手指头靠近暖气片看看会发生什么?你会发现,你的手指在即将触碰到暖气片一刹那,冒出了火花。如图 1-9 所示。

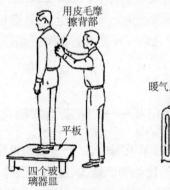

图 1-9

中国南方室内一般没有安装暖气,可以用家中接地的干净干燥且带有尖端的水管或其他类似的金属物品代替试试。

这个实验,宜在空气干燥且人可以穿衣较少的室内进行。为了观察火花方便,室内光线也越暗越好。

实验 11   废旧日光灯管也发光Ⅰ——摩擦激发荧光

材料:废旧日光灯管 1 支,聚乙烯塑料口袋(最好无色透明、表面无字)1 个

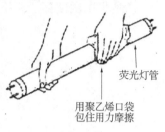

荧光灯管

用聚乙烯口袋
包住用力摩擦

图 1 - 10

用日光灯管实施如下的实验:把房间遮暗,越暗越好。为此,你可以在晚上拉好窗帘关好门的情况下,坐在电灯开关前。一切准备就绪后关闭开关,使屋内一片黑暗。你一手握住灯管,另一手用聚乙烯口袋在灯管上用力摩擦。如图 1 - 10 所示。

注意观察,稍过一会儿,你能成功地使灯管在黑暗中随着你的摩擦而发光。停止摩擦之后,灯管还会有短暂的发光。

这是因为,当用透明塑料袋用力摩擦废旧日光灯管的表面时,灯管外表面因摩擦而带电。这些外表面电荷的电场会极化灯管的玻璃,使灯管内表面产生与外表面极性相反的束缚电荷。而灯管内部虽然稀薄,却也存在气体离子,撞击在这些电荷上会发生放电发光,导致残留在灯管内表面的荧光物质发光。整个过程因为是接力进行的,所以灯管的发光有一个时间上的迟滞过程。即摩擦一会儿才会发光,光亮停止在摩擦结束之后一小会儿。因光亮强度实在有限,所以只有在黑暗中才可以看得见。

实验 12   感应起电机——"感应"和"极化"有区别

材料:蜡烛或者玻璃棒,老唱片,羊毛围巾,一个金属的果酱瓶盖或者小茶叶盒的金属盖,其他小型的金属盖子,比如啤酒瓶盖、红酒瓶盖等

第一步,用打火机加热蜡烛的一端,在瓶盖里面滴上一些蜡,以使蜡烛底部固定在瓶盖里,作为挪动金属盖的绝缘把手。也可以把一根玻璃棒的一端用蜡固定在金属盖子里,当作绝缘手柄。

第二步,把一个唱片放在光滑的桌面上,用 100% 羊毛的羊毛衫或者羊毛围巾用力摩擦(最好调整身体和唱片的高矮位置关系,在用羊毛衫摩擦唱片时能把身体的力量也压上去,实现"用力",而不单是手的力量)。摩擦唱片约 30 s 后,立刻把瓶盖靠近而不接触到唱片。用手指快速碰一下盖子,你会觉得手指被电轻轻地"打"了一下。当把盖子远离唱片拿开,盖子上已经感应了正电荷。如

图 1-11 所示。1775 年，亚历山大·伏特（Alessandro Volta）就建造了一个类似的器具，感应出大量的电荷。

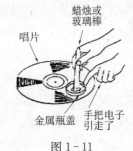

图 1-11

把盖子靠近但不接触一个暖气片，你能够在黑暗中观察到火花。

南方的朋友们，室内一般没有暖气设备，可以用厕所间的水龙头或其他接地的金属片来代替。为了能够观察到微弱的火花，实验要在晚上方便制造黑暗时进行。最好实验前数小时内不要使用水龙头，以便保持水龙头干净干燥。在洗脸台上铺一块厚木板作为光滑的桌面，把唱片放在上面开始实验。当金属盖上感应了正电荷并向水龙头靠近时，请你的同伴立即关上电灯开关，在黑暗中你有可能观察到成点状的火花。

感应起电的具体过程如图 1-12 所示。

（a）用 100% 羊毛的羊毛衫摩擦唱片的表面，使唱片表面带上大量的负电荷。

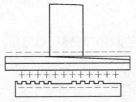

（b）把金属瓶盖靠近而不接触带电的唱片，迫使电子跑到瓶盖的顶部，瓶盖底部因缺少电子而带正电荷。

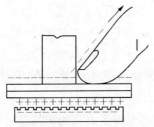

（c）用手指触碰一下瓶盖，让瓶盖顶部的电子随手指进入地里，剩在瓶盖上的只有正电荷。

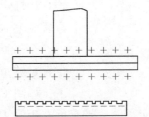

（d）手执蜡烛，让瓶盖快速离开唱片，则瓶盖上带有大量的正电荷。把瓶盖上的正电荷传递给其他物体，或者用手指再次触碰瓶盖，可以使瓶盖上的正电荷被中和，而不再带电。重复步骤（b）到（d），可以使瓶盖多次重新带电。

图 1-12

这里特别要提醒实验者，手指触碰一下金属瓶盖，然后用蜡烛拿起瓶盖这两个动作都要快，否则正负电荷发生中和，会使金属瓶盖的带电量大大减少。

细心的读者也许会发现,这里金属盖在静电场中取得电荷的方式谓之"静电感应"。而前面几个实验(实验1,一把梳子的绝招;实验2,给纸充电;实验3,给气球充电;实验5,纸带条)摩擦起电产生的电荷,使其他非金属的电介质在这些电荷的静电场中受到"极化"而产生束缚电荷。从表面上看,好像感应和极化的区别不大,都是接触产生同种电荷,靠近而不接触产生异种电荷。但这里有一个最大的区别,极化产生的束缚电荷的绝大部分只能在一个原子或分子的范围内做微小的位移,而感应带电,在外界电力的作用下,自由电子可以由导体的一部分转移到另外一部分。自由电子的位移范围要比束缚电荷大得多。这也是"束缚电荷"和"自由电子"两个词前面的修饰语——"自由"与"束缚"的由来。

如何显示感应起电所得来的电,请看实验13。

实验13　废旧日光灯管也发光 II——感应起电使废灯管在黑暗中回光返照

材料:来自实验12(感应起电机)的感应起电机,氖灯管(或废旧日光灯管)

图1-13

用在实验12中那样的感应起电机,手执羊毛衫用力摩擦唱片后,把金属盖放在充满负电荷的唱片上,与唱片直接接触后,快速地一手拿住废旧日光灯管接线处的一端,另一手通过绝缘的蜡烛拿起充了电的金属盖。关掉电灯开关,使晚上的房间立刻变得昏暗到仅能勉强视物。让灯管的另一端的接线处与金属盖相接触。如果金属盖上的电荷足够多(这点只要你摩擦唱片时足够用力,时间足够长,摩擦唱片处与后来放置金属瓶盖处的位置足够重叠,就不难做到),你会看到灯管突然亮一下。如图1-13所示。

唱片上因摩擦带有负电荷后,中性的金属盖与充满负电荷的唱片直接接触后,因为没有像实验12中那样用手指把带负电荷的电子引走,所以瓶盖依然带有负电荷(而不是实验12中的正电荷)。就是这些瓶盖上多余的负电荷,使旧日光灯管两头的灯脚出现了足够电压差,导致灯管内放电,激发灯管内壁残余的荧光物质发光。发的光虽然微弱,但在黑暗中确实是显而易见的。另一方面,因为瓶盖上所带电荷毕竟有限,很快就会消耗完毕,所以灯管只亮了一下,就像是一次回光返照,又归于暗淡无光。

把这个实验与实验11(废旧日光灯管也发光)进行比较,这里是感应电荷,而实验 11 中用的是摩擦起电后玻璃管被极化而形成的束缚电荷。二者是不同的。

想一想，人们还能怎样来利用感应起电机。

 **实验 14　莱顿(Leyden)瓶——电容器的祖师爷，曲折诞生而成**

莱顿瓶是一种早期以玻璃瓶为电介质的电容器。发明者有两三位，但通常都归功于荷兰莱顿大学的教授 Pieter von Muschenbroek (1745 年)。其发明的初衷是想将电荷溶于水中而加以储存。最初的构想是在玻璃瓶中装进水，在瓶口的软木塞中插入一根铁钉，操作者用手握瓶，即以玻璃瓶作为水和手掌间的电介质。再用感应所得静电(见实验 12，感应起电机)经过铁钉给水充电。若操作者用一只手触及铁钉时感到一阵电击，就说明水中确实储存有电荷。后来发展到用瓶内外的金属薄膜代替手掌和水，以玻璃作为瓶内外金属箔的电介质。瓶内的金属箔通过金属链和圆头铜杆相连通往瓶外，方便人们通过金属圆头给莱顿瓶充电。如图 1-14 所示。

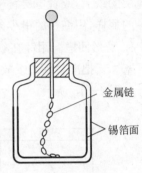

金属链

锡箔面

图 1-14

你也可以因陋就简，如法炮制一个属于你自己的莱顿瓶：在一个玻璃器皿(如一个空果酱玻璃瓶)内铺上一层铝箔，在瓶的外表面也包上一层铝箔。把器皿封装在一个塑料口袋里或者塑料薄膜里，以便与外界绝缘。用一段金属线穿过薄膜充当上图的金属链和铜头金属杆，与瓶内的铝箔相连接。借助于摩擦过的梳子(见实验 1，一把梳子的绝招)，使瓶的内部尽可能多地充电。然后用瓶内伸出的导电金属线连接瓶外的铝箔。如果做得好，就能制造出火花。

当然，也可以用感应起电机(见实验 12，感应起电机)给莱顿瓶充电。

莱顿瓶是最早的电容器，这种电容器电容量很小，但所能承受的电压很高。1752 年 7 月，美国物理学家本杰明·富兰克林(Benjamin Franklin，1706—1790)曾在一个雷雨天，用连接在风筝上的导线和金属钥匙，利用雷电给莱顿瓶充电成功。

今天的电容器又小又轻，性能又好，但基本原理依旧不变。电容器是一个重要的发明，没有电容器就没有今天的微电子学。今天的电视机、收音机、计算机等所用的集成电路中都有电容器。

实验15 吉尔伯特(Gilbert)验电器——针尖为支点,跟随电荷动

材料:软木塞,缝衣针,轻纸

把口香糖的包装纸放进热水中剥去金属箔,剩下口香糖包装里面最薄的一层半透明的纸,将其好好干燥,弄平整;或者是一张餐巾纸中的一层薄纸。从纸上剪下一个大小为 6 cm×3 cm 的长方形,沿纵向将纸对折。找到折线的中点,并在那里向里剪下一个小角,使其形成一个 V 形凹槽。再从剩下的口香糖最薄层的纸上,或者单层餐巾纸上剪下一张 1 cm×2 cm 的小片纸。像在图中所勾画的那样,用细长的很小条的透明胶布,把小片纸粘在第一张纸的 V 形凹槽上,封住 V 形凹槽。用针在软木塞上扎一个小洞,把针反过来针鼻向下地压进软木塞。当把准备好的纸放在针尖上,你就建造好了一个所谓的"吉尔伯特验电器"。如图 1-15 所示。

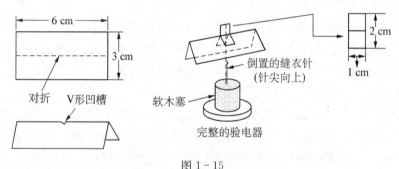

图 1-15

把充了电的物体放在它的附近,观察会发生什么。在做这种检测以前,一定要注意,因为有 V 形凹槽的验电器的叶片很轻,一定要先关好门窗防止有风,以保持叶片的静止状态后,再开始用带电物体检测效果。

用纯羊毛衫用力摩擦一把塑料梳子的梳背,让其带上负电荷,用这样的梳子背去靠近上面的"吉尔伯特验电器",你会看到,验电器纸片的一端会跟着带电的梳背以缝衣针为轴而转动,梳背往哪里动,"吉尔伯特验电器"的"纸燕"也往哪里"飞"。甚至会以针尖为支点而倾斜。

实验 16 叶片验电器——叶片张合验电，靠近还是接触球体有讲究

材料：一个小瓶子，一段金属丝，铝箔，口香糖纸

这个验电器最先是由亚伯拉罕·本那特（Abraham Bennet）在 1780 年使用的，有些昂贵。其基本原理就是同性电荷相斥的道理，与在实验 5（纸带条）中摩擦起电让两条带有同种电荷的纸带条分开的道理相似。

验电器的制作过程如下：

金属丝弯成"L"形后插进软木塞，然后把瓶子封好。重要的一点是瓶子和软木塞要绝对干燥。为保证这个条件，你可以将这两个部分放在热炉子上烘烤，直到最终安装之前才把它们取下来。先取出铝箔，用手把它揉皱成一个尽可能圆的球形。纸条应该极轻，可以用餐巾纸或厕纸中的一个最薄的单层，或者用口香糖纸薄层纸。口香糖纸需用如下方法事先准备好：把它放在热水上方几分钟，剥去金属箔，然后将它好好地干燥，又适当地剪裁（见实验 15，吉尔伯特验电器）。把按如图 1-16 所示的尺寸裁剪好的薄纸放在 L 形支架上。现在，你可以把整个验电器都装配起来了。

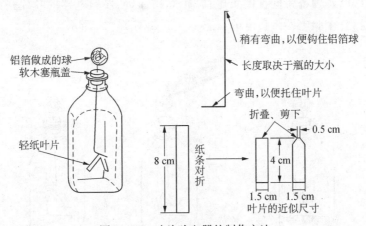

铝箔做成的球
软木塞瓶盖

轻纸叶片

稍有弯曲，以便钩住铝箔球

长度取决于瓶的大小

弯曲，以便托住叶片

折叠、剪下

0.5 cm

8 cm
纸条对折

4 cm

1.5 cm 1.5 cm
叶片的近似尺寸

图 1-16 叶片验电器的制作方法

用叶片验电器，你可以做如下实验：

（1）用摩擦起电的方法给一把梳子（见实验 1，一把梳子的绝招）充上负电，让它靠近验电器的铝箔球，但不触碰。这时原来中性的验电器中的带负电的电子因被梳子上负电荷排斥，通过金属丝来到验电器的叶片上，两个叶片因带有同

样的负电荷而相互排斥而张开。而靠近梳子的铝箔球因缺少电子而带有正电荷。叶片张开的时间和梳子靠近铝箔球的时间一样长。将梳子拿开，没有了梳子上负电荷的排斥，叶片上的负电荷回归原位，张开的叶片又重新闭合。如图 1-17 所示。

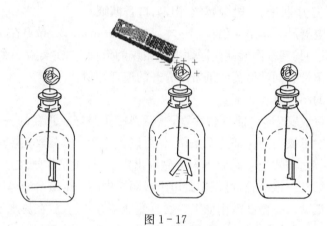

图 1-17

（2）为了让验电器叶片长久张开，可以让带负电的梳子从靠近铝箔球继续移动到直接触碰。这时，梳子上的带负电的电子会通过铝箔球和金属丝直达两个叶片，两叶片因都带同性的负电荷，相互排斥，而使验电器的叶片张开。即使梳子拿走，整个验电器带负电的状态不变。如图 1-18 所示。

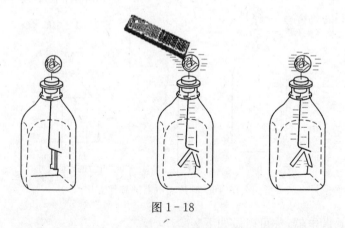

图 1-18

（3）你也可以用感应的方法实现验电器两个叶片均带正电荷而持续分开：让带负电荷的梳子靠近验电器的铝箔球而不触碰它，这时铝箔球带正电。用手指头快速短时间地轻碰铝球，让带负电的电子通过手指跑到地里逃掉。拿开手指后再拿走梳子,现在验电器带的就是正电荷。如图 1-19 所示。

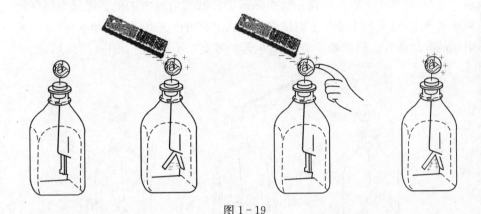

图 1-19

让验电器带上负电荷,用一个带正电荷的玻璃棒去触碰它。正负电荷中和会使验电器开启的叶片闭合。如果用一个带负电的梳子去触碰原来就带有负电的验电器,则叶片会张开得更大。这样,验电器就可以用来确定未知电荷的正负号了。

当铝球与一个带正电的物体(被摩擦的玻璃棒)相接触,则它也带正电。你也可以用玻璃棒来做如下的实验:

(4)用丝绸摩擦玻璃棒的方法使玻璃棒失去电子,带上正电荷。让它靠近验电器的铝箔球但不触碰。这时,中性验电器中的电子受玻璃棒正电荷的吸引,使铝箔球带上与玻璃棒异性的负电荷,而铝箔球远端的叶片因为缺少电子而带上了正电荷,两个叶片因带有同样的正电荷而相互排斥,导致叶片张开。而且叶片张开的时间和玻璃棒靠近铝箔球的时间一样长。将玻璃棒拿开,没有了正电荷的吸引,铝箔球上带负电的电子回归原位,张开的叶片又重新闭合。如图 1-20 所示。

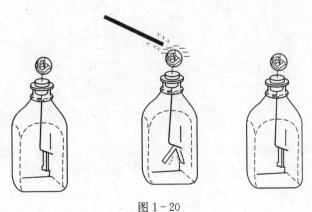

图 1-20

（5）为了让验电器叶片长久张开，你可以让带正电的玻璃棒直接触碰铝箔球。这时，玻璃棒上的正电荷会吸引原来中性的验电器中的电子通过金属丝跑到玻璃棒上，这使两个叶片上因缺少电子而带上同种正电荷以致相互排斥，使验电器的叶片张开。把玻璃棒拿开，验电器的带电状态不变。如图 1-21 所示。

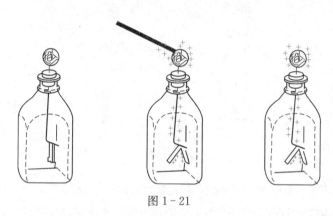

图 1-21

（6）你也可以用感应的方法实现验电器带负电荷的两个叶片持续地分开：让带正电荷的玻璃棒靠近验电器的铝箔球而不触碰。这时，带正电的玻璃棒会吸引电子使铝箔球的远端两个叶片因缺少电子而带正电。用手指头快速短时间地轻碰铝球，带负电的电子通过手指加进验电器中和了叶片所带的正电荷。拿开手指后再拿走玻璃棒，铝箔球上带负电的电子通过金属丝抵达两个叶片，导致叶片张开。验电器带上了负电荷。如图 1-22 所示。

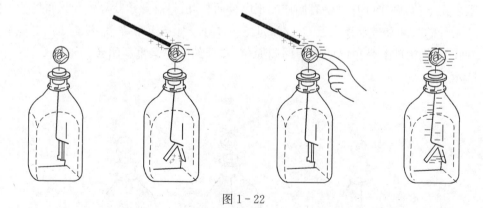

图 1-22

从上面示意的验电器带电过程中，细心的读者想必已经发现，逃走和加进的总是带负电的电子。较多的电子逃走后，验电器因缺少电子而带正电；加进电子中和了原来远端的正电荷而使验电器带负电。这是因为,在物质结构中,所有的物质都是由分子组成,分子又是由原子组成,原子则由原子核和处于核外的电子构成,金属中的电子处于游离态,容易流动;而失去电子后的金属带正电,容易得到电子。

另外,金属总是与接触者带同种电荷,谓之传导。而与靠近而不接触者带异种电荷,谓之感应。

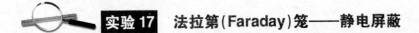

实验 17　　法拉第(Faraday)笼——静电屏蔽

材料:验电器(出自实验 16 叶片验电器),金属锅,厨房用金属筛子

把一个带电的验电器放到锅里,并在锅上罩上筛子。此时即使把电荷带到验电器附近,也不能改变验电器叶片的偏转。同样,我们可以用一个不带电的验电器来确认,与实验 16(叶片验电器)中(1)的措施相同,看到的实验现象却相反,本实验中看不到验电器叶片的偏转。如图 1-23 所示。

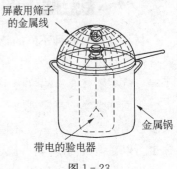

屏蔽用筛子的金属线

金属锅

带电的验电器

图 1-23

实际上,你已经用一个简单的方法屏蔽了验电器。一个导电的金属外壳就足够彻底解决问题。这个结构为颂扬物理学家米歇尔·法拉第(Michael Faraday)而被称为法拉第笼。

二、静磁学

 实验18 磁效应——含铁物体对磁铁趋之若鹜

材料：磁铁，各种不同的物体

取一块磁铁，检验它对一些物体的影响，如铅笔、书、叉子、铁锅、曲别针、钉子等。哪些物体会被磁铁吸引？它们的共同点是什么？

下面许多实验都需要一个永久磁铁，它常能在日常物体（玩具等）中找到。大多数喇叭箱里都有磁铁，因此你可以向收音机商人从坏了的音箱中寻求一个，你也可以在教具商店、科普服务站点等地方或者互联网上购买。

你会发现，叉子、铁锅、曲别针、钉子等含铁的物体会被磁铁吸引，而书、铅笔、毛巾、木头、玻璃等不含铁的物体不会被磁铁吸引。如图1-24所示。

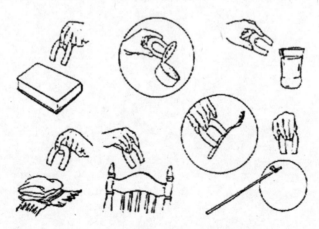

图1-24

实验 19 **磁场的远距离作用——只要磁力足够大,隔空吸铁也可能**

材料:磁铁,金属回形针,细线

在回形针的上方,拿住一个磁铁。让磁铁慢慢地接近回形针,当达到一个最短距离时,吸引力就会大到把回形针提起来。

做如下实验:把回形针和一根细线连在一起,用黏胶带把线固定在桌子上。把回形针拿起来,使细线绷紧。现在你在回形针上方拿住磁铁,使其非常接近回形针。让磁铁稍稍运动,检测一下,在什么距离上回形针会落下来。

当磁铁与曲别针的距离远到其对曲别针的吸引力不足以克服曲别针的重力时,曲别针就会因重力而下落。如图 1 - 25 所示。

图 1 - 25

实验 20 **磁效应的屏蔽——软铁质、闭合空腔拒绝磁场进入**

材料:磁铁,回形针,各种不同的物体

(1)在玻璃杯中放进回形针,拿着一个磁铁从杯子外侧靠在杯子上。让磁铁有点运动,人总是能想法隔着玻璃使磁铁吸引回形针。这说明玻璃虽然不被磁铁吸引,但它除了占据一定的空间以外,并不阻挡磁铁对铁的吸引。

(2)把一个铁质回形针放在一块纸板上,将磁铁靠在纸板的另一面。让磁铁有点运动,会发现纸板和玻璃一样,不会阻挡磁铁对铁质回形针的吸引力。用一本厚书代替纸板做相同的实验,厚书虽然不屏蔽磁铁的吸引力,但因为厚书所占据的空间阻隔,使磁铁被动形成了对回形针的隔空效应,会使磁铁对回形针吸引力有所减小。当书厚到使磁铁的吸引力小到不足以克服曲别针和书的摩擦力时,磁铁就不能再影响曲别针的行动了。

(3)把玻璃杯换成木质的杯子,重做实验(1)。因为木头和玻璃一样不能屏蔽磁铁对铁质物体的吸引力,因此实验效果应该与(1)相同。如图 1 - 26 所示。

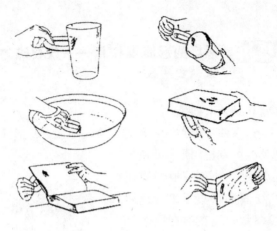

图 1-26

磁场也能被屏蔽,而且也是用金属性的物体做屏蔽物。为此,你可以做以下实验:

把指南针放在小金属茶叶盒里的干燥纸板上,外面用像上面一样的马蹄形磁铁做运动。看看磁铁的运动对小指南针指针的影响。如果磁铁动,指南针的指针也随之而动,说明小金属盒并没有屏蔽磁场,我们可以在小金属盒外套一个稍大一些的金属盒(无盖),继续试验外部磁铁对指南针指针的影响。如果两个金属盒还不能屏蔽磁效应,再加更大一些的第三个金属盒,套在前两个金属盒的外面,再试外部磁铁运动对指南针指针的影响。如不行,再加外套金属盒……我们发现,虽然随着金属盒外套的增加,外部马蹄形磁铁的运动对金属盒套最内层的小指南针的影响有看得见的减小,但真正减小到零,实现金属对磁效应的全屏蔽还是很难,因为难于找到合适的无限多的金属盒外套,甚至很难真正实现磁效应的全屏蔽。只能从磁效应的逐渐减小推断,当金属盒外套足够多足够厚时,是可以屏蔽磁效应的。

我们也可以分别用两块条形磁铁,以磁铁的南北极相对的方式来代替上面所说的马蹄形磁铁,沿着东西方向在金属盒外移动,看小指南针两个指针是否随外部磁铁的运动而运动。之所以把条形磁铁沿东西方向放置,是因为地球磁场的方向大致沿着地理的南北方向,如果我们实验中的磁铁也沿着南北方向,有时就会难以判别磁场对指南针的影响究竟是来自地球磁场还是实验中的磁铁。如果我们把磁场设置在东西方向上,就可以避开这个问题。

也可以做如下的实验:把指南针和磁铁都放在桌子上,让二者相距大约25 cm。然后把不同的材料放在二者之间,观察指南针的指针。看哪种材料对磁场的屏蔽有最大的影响？你会发现,铁磁材料(比如铁材料)制成的闭合空腔,比如一个球形空腔,会产生最大的屏蔽效果。如图 1-27 所示。

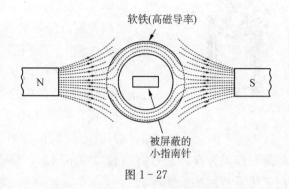

软铁(高磁导率)

被屏蔽的
小指南针

图 1-27

所谓"软铁"指的是纯铁一类的材料,这类材料含碳量低,所以质地比较软,更重要的是它磁导率高,容易磁化也容易退磁,磁滞损耗小。用这种材料制成的空腔,外界磁感应通量差不多全部集中在腔壁之中,腔内磁场几乎为零,腔内物体不受外界磁场影响,从而形成磁屏蔽。

前面,金属盒外套磁屏蔽效应差的原因有二:一是为了用眼睛观察磁场对小指南针的影响,金属盒外套无盖,无法形成闭合空腔;二是我们通常的金属包装盒多是加锌的铁皮,并非磁导率很高的纯铁,磁屏蔽效果差,就不奇怪了。

 **实验21　对磁场的感觉——人类感官对磁场没感觉**

材料:磁铁

取一个磁铁在手中,用一只手拿住它,放在耳朵旁边、鼻子旁边等,如图 1-28 所示。

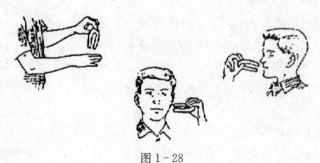

图 1-28

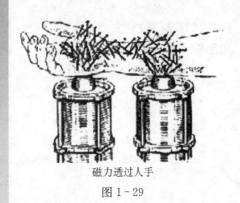

磁力透过人手

图1-29

你会发现,即使磁铁放在你的感觉器官附近,你对磁性也没有一点特殊的感觉。实际上,人类没有能感觉磁性的器官。我们只能以间接的方式来感知磁铁的磁场。如图1-29所示。

人的一只胳膊横放在电磁铁的两极上,胳膊上竖着一颗颗的铁质大头钉,好像刚毛一样。胳膊本身是完全感觉不到磁力的,看不见的磁感线穿过胳膊的时候,一点也不会暴露自己的存在。是铁钉在磁力的作用下,顺从地按照一定的顺序排列,让我们依稀看到磁感线的踪影。

 实验22 **磁感线的图像——平凡的铁屑让磁场大现形**

正如实验21(对磁场的感觉)所述,人类感官对磁场是没有感觉的。也就是说,磁场对于人类的感官而言,是看不见、摸不着的。但人们知道,含铁的物体对于磁场是最敏感的。因此人类自然就想到了让含铁的小颗粒来充当让磁场现形的揭秘者。

材料:各种不同的磁铁,铁屑,纸板、蜡纸

为了得到铁屑,你可以从它的名字猜到获取方法。铁,比如一颗钉子,用锉刀加工可以得到铁屑,或者用钢锯把铁质品锯断而得铁屑,就像用锯子剧木头可以得到锯末一样。当然也可以在教学仪器商店或者互联网上购买铁屑。

有了铁屑以后,你就能阐明磁感线的图像了:把磁铁放在一块纸板下面,在纸板上面撒上铁屑。用手指轻拍纸板的边缘,直到铁屑的一个相对稳定的样式出现。如图1-30所示。这个实验可以用不同类型的磁铁来做。

磁场　　　　　铁屑

纸板　　　下面是
　　　　　条形磁铁

图1-30

人们也可以用以下的方式制造稳定的磁感线图像:

把磁铁放在纸板的下面,在纸板上面铺一张蜡纸。与上述一样,在纸板上撒上铁屑,轻拍纸板,使其形成应有的磁感线图像。如果这时你对蜡纸加热,蜡就会被融化。在蜡凝固的过程中,铁屑就会被固定埋入,形成一种永久性的磁感线

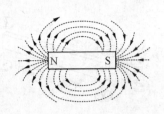 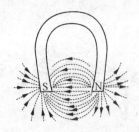

图 1 - 31

图像。如图 1 - 31 所示。最好是用暖炉给纸板加热,而且让纸板在加热和冷却的过程中不挪动地方。也可以用不同种磁铁的组合来做以上实验。

现在人们知道,磁感线上任意一点的切线方向为该点磁感应强度 B 的方向,即磁场中小磁针北极所指的方向。

另一方面,在磁铁附近的铁屑之所以形成磁感线,是因为铁屑被磁铁磁化而成为小磁针。轻轻拍打纸板,这些小磁针就会沿着磁感应强度 B 的方向排列起来,而且所有的磁感线都是从产生磁场的磁铁北极发散出去,收敛于磁铁的南极。(原因详见实验 23,用指南针标出的场线图像)

 **实验 23** **用指南针标出的场线图像——回归本真的磁感线**

材料:磁铁,指南针,纸板,铅笔

指南针的小指针也是具有两极的磁铁,它也能产生磁感线。但是它们在比它们磁场强很多的磁铁面前,就相当于上一个实验(实验 22 磁感线的图像)中的铁屑小磁针一样。几乎只有大磁铁影响它们的份儿,而它们对大磁铁的影响就微乎其微到可以忽略不计的程度了。

把磁铁放在一张纸板上,把指南针搁在纸板上不同的点上。然后,在相应位置上沿指南针北极的指针方向画一个小箭头。当你标示出足够多的箭头,你就得到一个和实验 22 一样的场线图像。和在实验 22 中一样,你可用不同的磁铁和磁铁组合来做这个实验。

图 1 - 32 中的 4 幅小图是用小型指南针来显示的一个条形磁铁处于不同方位时的磁场。

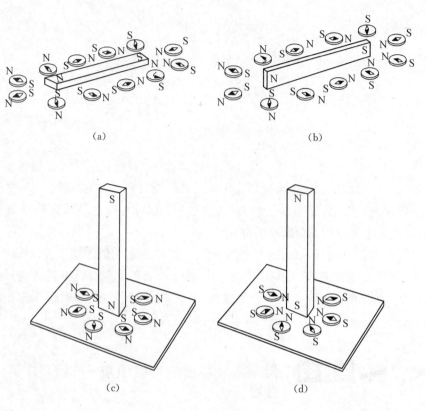

图 1-32

由上面四个图可以看出，无论条形磁铁处于什么方位，小磁铁总是用异性的磁极对着大磁铁的相应的磁极。即小指南针的南极（S）对着大磁铁的北极（N），小指南针的北极（N）对着大磁铁的南极（S）；始终遵循异性磁极相吸引的原则。

这也是为什么磁感线的方向总是从磁铁北极 N 发散出去收敛于南极 S 的原因。因为磁感线方向被规定为磁场内小磁针北极 N 所指的方向，而根据磁极的同性相吸、异性相斥的原理，小磁针的北极 N 总是背对北极 N，尖指南极 S，这就自然形成了磁感线从产生磁场的北极 N 发散，收敛于南极 S 的规则。

从这个实验可以进一步证实，实验 22 的箭头方向就是本实验的小指南针的北极所指的方向，也是实验 22 中，铁屑小磁针的北极所指的方向。

实验24 **自制指南针——一场对耐心和毅力的考验**

材料:缝衣针,线,果酱玻璃瓶或其他宽口无色透明的瓶子,纸板片

取一根大缝衣针,在针眼一头用一个磁铁的一个磁极多次沿同一方向磨动,直到针眼被磨尖(这可是个功夫活,需要极大的耐心与坚持)。(与实验25,磁化做比较)将一根缝纫用的丝线固定在针的重心上,线的另一头则固定在纸板片中心的小洞上。将纸板盖住果酱玻璃瓶口,使针可以悬在瓶中自由摆动。如图1-33所示。把如此做成的指南针放在书架上,偶尔干扰一下这个指南针,观察它怎样重新校准。

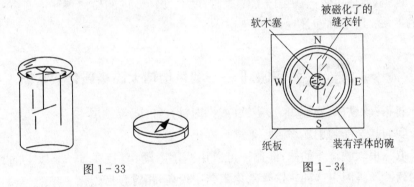

图1-33 　　　　　　　　　　　　　　　图1-34

也可以把被磁化了的针平放在一块软木塞上后,再把软木塞放在一个装满水的塑料碗里漂浮着。这样就得到一个浮着的指南针。如图1-34所示。

当然也可以将这样建造的指南针用于实验23(用指南针标出的场线图像),拿它充当大磁铁旁边的小指南针。

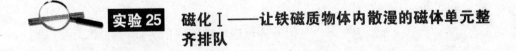
实验25 **磁化Ⅰ——让铁磁质物体内散漫的磁体单元整齐排队**

材料:磁铁,缝衣针,铁棒,铁屑

在实验24(自制指南针)中,你已经借助于磁铁把一根缝衣针做成了一个针式磁铁。其中的方法是:你多次用一个磁极把针眼磨成针尖。

你也可以用其他包含有铁磁质的金属物体来做磁铁。但是,在做之前要先用铁屑检验,以表明金属物体没有被磁化。在做好之后再次用铁屑测试成功磁化的程度怎样。被磁化的可以是一根金属毛衣针、一个螺丝刀的柄或一个钉子等,如图 1-35 所示。这样,你可以多次制造磁铁。

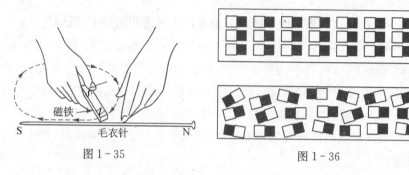

图 1-35　　　　　　　　　　　　　图 1-36

这里,当你用磁铁在物体上摩擦时,就会使物体内的磁体单元沿直线排列,如图 1-36 所示,从而使物体自己也成了一个磁铁。

实验 26　磁化 II——利用地球大磁场磁化软铁棒

材料:软铁棒,铁锤,条形磁铁(或指南针),细线,细铁屑

我们甚至能利用地球磁场来进行磁化。

取一根软铁材质的棒,即那种可以用两手弯动、直径在 3 mm 以上的、比较粗的软铁丝。因为这种软铁丝磁化率会比较高,相对容易磁化一些。

如果铁丝不直,可以把铁丝放在比较厚的硬木板上,用铁锤把它一点点地矫正、敲直。借助铁屑检查,如果不能吸引铁屑上身,就说明它是没有磁性的。

下一步,把一个条形磁铁用结实的细线吊起来后,让它处于摩擦阻力尽可能小的、可以自由摆动的状态,然后设法让它逐渐归于静止状态,以确定你所处位置的地球磁场磁感线的方向以及比较准确的北方方向。或者用指南针来确定你需要的北方。

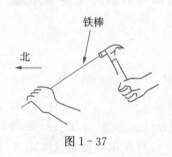

图 1-37

沿着地球磁场磁感线的方向握住棒,用锤子在棒的一端敲击。在德国那样的高纬度地区,地球磁场相对比较强(地球磁场南北两极最强,赤道最弱),可以沿着长轴方向敲击它大约 1 分钟以上。而在中国的大多数地区,特别是南方地区,因为纬度低一些,地球磁场相对德国地区比较弱,应该敲击粗铁丝 3~5 分钟以上。如图 1-37 所示。

再次用铁屑检验,铁棍已经能吸起铁屑,说明软铁棒已经被磁化了。

 实验 27 磁化Ⅲ——聚集的铁屑也能成磁铁

可以做如下实验,用事实阐明元磁体的直排。

材料:铁屑,试管,磁铁

在试管里或其他类似器皿里装进铁屑,用一个指南针测试,如果试管里的铁屑不影响指南针的摆动,就可以确认它没有带磁性。用强磁铁的一极重复地总是从上向下地摩擦试管来磁化整理铁屑之后,再用一个指南针来检测,试管里的铁屑会明显地影响指南针的摆动。这说明试管与其内装的铁屑作为一个整体,已经被磁化成一个有自己南北极的磁铁了。如图 1-38 所示。

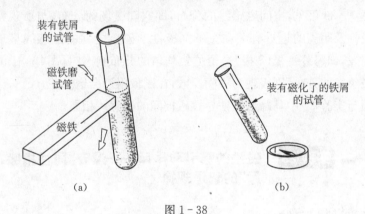

图 1-38

现在,无序地剧烈摇动铁屑,再把一个指南针拿到试管的近旁测试,指南针的摆动又不再受试管的影响,说明试管内的铁屑已经被退磁,不再是整齐排列的小磁子,又回归为当初装在试管内的杂乱无章的铁屑。

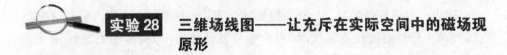 **实验 28 三维场线图——让充斥在实际空间中的磁场现原形**

前面的实验 22(磁感线的图像)和 23(用指南针标出的场线图像)所显示的磁场场线都是呈现在一个平面上的,实际上磁场是充斥在三维空间中的。因为人类的感官对磁场没有感觉(见实验 21,对磁场的感觉),让我们再次借助铁屑来观察三维场线的分布吧。

材料:果酱玻璃瓶,色拉油,铁粉或铁屑,磁铁

在果酱玻璃瓶中装进色拉油,再添加一些铁粉。盖上瓶盖,猛烈地摇动瓶子,使油与粉均匀混合。现在,让磁铁的一极靠近瓶子,靠近磁铁的铁屑就会沿直线排列,使磁场看得见。你可以用磁铁的另外一极来做同样的实验,也可以利用两个磁铁来做实验。如图1-39所示。

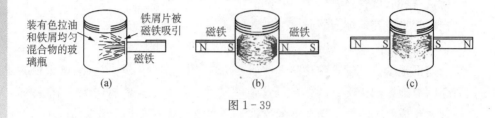

图 1-39

由图1-39可见,空间磁感线的分布,即空间磁场的分布,与所观察的空间磁铁的极性及距离的远近有关系。不同极性的磁极之间的磁感线呈现从一极(N极)出发,向另外一极(S极)会聚的较均匀的分布状态[见图(b)]。而同名S极之间磁感线的分布,则表现为中间发散,在磁极附近会聚[见图(c)]。图(b)的纵向剖面与实验22中马蹄形磁铁异性磁极间的磁感线相同。

  **磁铁的吸引和排斥——遵守"同性相吸,异性相斥"的普适规律**

材料:两个条形磁铁

取两个磁铁,两手各持一个磁铁,试着将北极和北极或者南极和南极从隔开一段距离的状态下,慢慢地连在一起。你会发现,虽有双手的控制,当两个同性的磁极快要碰到一起时,你的两手会感到一种抗拒两同性磁极连在一起的力量,稍欠把控,两个磁极就想错开,要费一点力气才能使二者对齐相连。

你也可以用磁铁的两个异性磁极做这个实验。这时你会发现与前面情况相反,当两个异性磁极快要靠拢时,两个磁极就像是迫不及待,用力想抓住对方一样,你的手应该向两磁极分开的方向把控,以防止二者相连过快而没有对齐。

给一个磁铁系上一根线,把它吊起来,使其能自由摆动。让另一个磁铁靠近它来使它运动。如图1-40所示。将此实验与实验19(磁场的远距离作用)进行比较。像在实验19中那样,这里两个磁极还没有靠拢相连,你就能体会到磁极的异性相吸和同性相斥的力量。也就是说,磁铁会形成一种叫做"磁场"的场,只要是场,就有隔空作用。

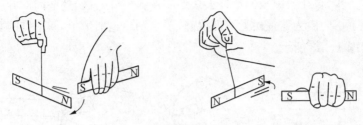

图 1-40

现在,像在实验24(自制指南针)中那样,将一根针磁化后用线吊起来,做类似上面的实验。如图 1-41 所示。可以用这种方法来判断小磁针的极性。

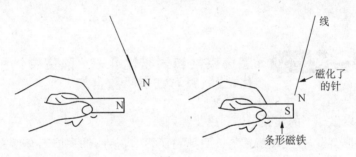

图 1-41

也可以用铁屑或者指南针来弄明白两个同名磁极相对摆放的磁铁的磁场。如图 1-42 所示。与实验 22(磁感线的图像)和实验 23(用指南针标出的场线图像)比较。这里的磁感线的分布和实验 28(三维场线图)中图 1-39(c) 的纵向剖面图的分布是一样的。

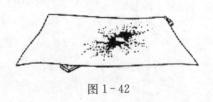

图 1-42

 实验30 **感应磁性和剩磁性Ⅰ——反向磁化退剩磁**

材料:磁铁,回形针

尝试让一枚回形针吸住第二枚是徒劳的。把一枚回形针吊在磁铁的一极,再尝试让第二枚回形针被第一枚(不是直接被磁铁)吸住。由此形成一个由尽可能多的回形针组成的链条。当你用两个手指头夹住第一枚回形针小心地离开磁铁,你就取下了回形针的链,你也许能够得到一个由三个或更多的回形针组成的链。这取决于制作回形针的材料,因为剩磁性是材料的一种性质。假如你成功做到了这一步,再让第一枚回形针去接近磁铁的另外一极,这些回形针就会一枚接一枚地下落。因为这使磁元再度混乱,于是剩磁也消失了,回形针的剩磁被退掉了。如图1-43所示。

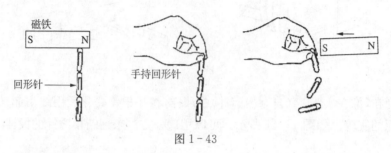

图1-43

实验31 **感应磁性和剩磁性Ⅱ——隔空磁化和反向磁化,让铁钉对铁屑吸放自如**

也可以做如下的实验来体会磁化和剩磁。

取一根钉子,让它接触铁屑。只要钉子没有磁性,铁屑就不会留在钉子上,由此确认钉子没有磁性。再次把钉子插入铁屑中,用一个磁铁的一极靠近钉子头。这时你把钉子从铁屑中抽出来,就会看到一些铁屑会留在钉子上(感应磁性)。把磁铁拿开,则只有少量的铁屑还留在钉子上,这又是剩磁在起作用。如图1-44所示。也可以观察一下,当你把磁铁的另外一极靠近钉子头会发生什么情况。

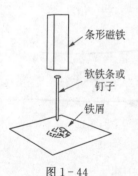

条形磁铁

软铁条或钉子

铁屑

图1-44

这时你会发现,钉子上留下的铁屑纷纷离开钉子下落,说明钉子已经被反向磁化而退磁。

实验32 **热抗磁——热提供能量,使磁体单元热运动而再度杂乱无章**

材料:指南针(见实验24,自制指南针),缝衣针,火柴,钳子

把指南针放在一只底朝上的玻璃杯上,让一根没有磁性的缝衣针尖靠近指

南针。你会看到,两极好像会以同样的强度被缝衣针吸引,实际上是两极以同样的强度吸引缝衣针。像在实验25(磁化Ⅰ)中那样把针磁化,重复以上实验。因为现在针自己是一个磁铁,所以指南针会有一极的指针被针尖吸引,另一极的指针被排斥(与实验29,磁铁的吸引与排斥比较)。现在用一个钳子夹住针,用火柴对它加热后再次重复上述检验缝衣针磁性的实验。指南针的指针与开始时的反应一样,也就是说缝衣针不再有磁性。如图1-45所示。把这些结果与实验25相比较,并由此得出推论。

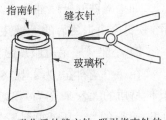

磁化后的缝衣针,吸引指南针的一极而排斥指南针的另外一极

图1-45

这说明,加热可抗磁。这是因为加热提供的能量促使铁磁物质中整齐排列的磁元又重新杂乱无章地运动起来,破坏了原来的整齐排列,而使铁磁物质失去磁性。

也可以做如下的实验:把一根针或者一颗钉子磁化,用铁屑检验它的磁化效果。加热钉子同时在桌子上敲击钉子,然后再次检验它是否具有磁性,这回钉子会失去磁性。因为加热使磁元无序运动,敲击钉子更加剧了无序运动的强度,使磁元不再有序排列,从而钉子失去了磁性。

 实验33 **几个游戏——利用磁铁和磁性玩玩**

材料:磁铁,缝衣针,小铁钉,铁板,软木塞,回形针,塑料盆,牙签

1) 神经测试——悬腕,长久保持在合适的距离上不动的功夫

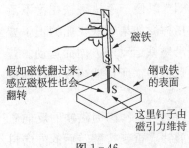

假如磁铁翻过来,感应磁极性也会翻转

图1-46

为了让一根缝衣针或者小铁钉能在一块铁板上直立,可用手将一条形磁铁直立于其上方(见图1-46)。谁能使针直立平衡的时间最长,谁就赢了。这里铁板是必需的,因为这里感应磁性导致的是引力,铁板使缝衣针不会直接跳向磁铁。如果用缝衣针太困难,也可以用小钉子来做实验(比如约17 cm长的磁铁条,配上约2 cm左右长的小铁钉。钉子大了也会增加游戏的难度,因为要大钉子立正,需要大磁力)。

这里的关键是,磁铁与钉头的距离要合适。距离过短,铁钉会因磁铁的吸引而被粘在磁铁上。距离过长,铁钉就会因缺少磁铁的吸引而在重力作用下倒地。

为了保持钉头和磁铁之间合适的距离,还要求手在合适的距离下具有悬空握住磁铁的稳定性。

如果磁铁的极性翻过来,虽然刚开始会使铁钉退磁,但是多次用同一极性磁化,铁钉会由退磁后的无极性走向翻转过后的新磁性。

2)小船——绝对服从磁铁棒的指挥

在一个塑料盆(为了观察得更清楚和方便,我们也可以用厨房里透明玻璃或其他材质的大盆来充当)里装上水。把软木塞(比如红酒瓶盖的软木塞)切成 0.5 cm 厚的片。用透明黏胶带缠裹的方式,在小软木塞片的一面粘上一根回形针。取一根缝衣针穿过一张纸后插进软木塞。把这样建成的船置于水上。取一个强磁铁在塑料或玻璃盆的下方运动,以此方式让船行驶,如图 1-47 所示。

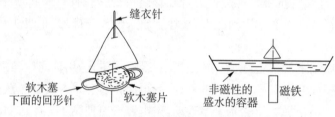

图 1-47

这里的关键是要保持小船在水面上的平衡,不要翻船。为此,当"帆"用的纸三角最好底边短、斜边长,或者干脆不要纸三角做的帆。因为在这个实验中的帆,只起装饰作用,而帆加大了平行和垂直于帆面两个不同方向上的力矩差,形成整个船受力特别是相应的力矩的差异,对于船在水面上的平衡有害无益。

另外,可以把装水的盆架在翻转放置的凳子上,以便于手执磁铁在盆下活动。一切就绪后,我们发现小船绝对服从磁铁的指挥。如果磁铁在船的正下方缓慢地沿平行于盆底的平面运动,则小船也跟着沿磁铁运动的方向而运动。若磁铁快速地跑向远离小船的方向停住不动,小船则把磁铁所在地当成前行的目标,义无反顾地向着目标进发。

游戏进行一会儿后,翻转磁铁的极性,小船会有些迟疑,因为磁铁的反向磁化对于回形针上的剩磁有退磁作用,但退磁后回形针会重新按翻转后的方向再次被磁化。小船前行的规律,与被磁化的方向无关,因而不久后就会遵循刚才的规律航行。

3)游戏棒——磁铁吸铁代替细棒挑动游戏牙签棒

给每一个回形针上夹一根牙签或者一张小纸片(大约 15 根牙签或纸片)。

将夹有牙签的若干回形针随意撒在桌子上。以前我们做这个游戏是用一根长的细棒来挑开牙签离群，而不动其他牙签。这里我们尝试用一个磁铁代替细棒，也是一次捡起一根牙签而不引起其他牙签的运动。捡一特定牙签时，牵动其他不捡的牙签视为犯规。也可以给牙签染上颜色，然后给不同的颜色赋予不同的分值。如图1-48所示。

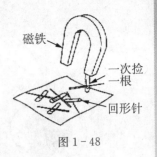

图1-48

在这个游戏中，捡起所有的牙签时费时少、犯规少者为赢家。

实验34 磁倾角——地处北半球高纬度的小磁针与地磁南极亲近导致倾斜

材料：磁铁，缝衣针，铁质金属毛线针，软木塞

将一根毛线针沿纵向穿过一个软木塞，再将一根缝衣针沿与之垂直的方向穿过软木塞。把这个装置安放在两个玻璃杯的边缘，使其能够自由摆动（见图1-49）。让毛线针在水平方向平衡。现在，在不使软木塞位置挪动的情况下，将毛线针磁化。再把装置安放在两个玻璃杯上，让毛线针的长轴沿南北方向摆放。你会发现，毛线针不再是水平方向，而是与水平方向有一个夹角（倾斜角）。改变毛线针的磁化方向，而不改变毛线针的位置方位，重复以上实验。你会发现，毛线针倾斜的方向改变了。也就是说，若原来低头的是针尖，针尾高于水平面，那么改变毛线针磁化方向以后，变成了针尖抬头，针尾下沉。图1-49为实验装置示意图。

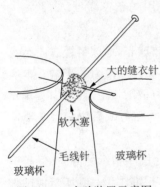

图1-49　实验装置示意图

确切地说，这个实验结果来自地球磁场与毛线针磁场的相互作用。与"磁倾角"密切相关。所谓"磁倾角"指的是地磁场中某处磁感应强度矢量 **B** 与水平面的夹角。地磁赤道处的磁倾角为 $0°$，地磁两极的磁倾角为 $90°$。

图1-50中带箭头的曲线是地球磁场的磁感线，磁感线上每一点的切线方向就是该点磁感应强度矢量 **B** 的方向。把地球想象成一个大的条形磁铁，磁感线的方向表示地球上小条形指南针似的磁铁北极所指示的方向（见实验23，用指南针标出的场线图像）。而对站在地球上的人来说，指向地心的重力方向是竖直向下的方向，地球的经线和纬线方向为相互垂直的水平方向。

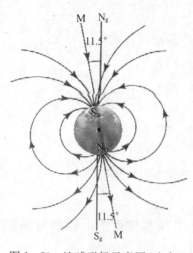

图 1-50 地球磁场示意图(其中分别标在地球北南极的 S_m 和 N_m 是地球磁场的南北极,而标在穿过地球的直线上的 N_g 和 S_g 是地球的地理北南方,二者间的夹角是 11.5°)。

由图 1-50 的下方可见,在地磁北极(N_m)的磁感线沿着地心与地磁北极点的连线竖直穿出,也就是说,对于站立在地球上的人而言,地磁北极的磁感线沿着过极点的竖直方向向上,它与地球上的水平方向必然垂直,因而磁倾角为 90°。由图 1-50 的上方可见,在地磁南极(S_m)的磁感线从地磁的南极点竖直穿进直至地心,因而磁倾角也为 90°。图 1-50 还表明在地球磁场的赤道线附近,磁感线的方向与地球的经线平行,经线既然代表地球上的水平方向,所以地磁赤道附近的磁倾角就为零。

因为人类感官对磁场没有感觉(见实验 21,对磁场的感觉),地球上的人要认识磁倾角就必须利用相对于地球大磁场而言的小磁针,比如我们常用的条形磁铁,或者人工磁化后的简易磁铁等。

地球上万物都有重力,而所有重力方向都指向地球球心,地球半径方向是我们定义的竖直方向,因此要研究地球磁场的磁倾角,必须排除重力的影响。本实验的第一步,让未磁化的毛线针在软木塞两端处于重力平衡状态,就是为了排除重力的影响。磁化后,原有的重力平衡被破坏而产生的倾角就只能归因于地球磁场对毛线针条形磁铁的影响了。

另一方面,既然地球磁场的磁感线是地球上磁针北极所指示的方向(见实验 22,磁感线的图像;实验 23,用指南针标出的场线图像),根据图 1-50 所示地球磁场的磁感线的方向,我们的实验应该沿着南北方向摆放磁化后的毛线针才有效。

因为地球条形磁铁的磁性两头强,中间弱,所以本实验的效果与实验地点有关,总的来说,实验地纬度越高、效果越好,纬度越低、效果越不明显,即越不容易看到磁化后的毛线针与磁化前的平衡位置的差异。

作为生活在地球北半球的我们,由于我们距离地磁南极(S_m)的距离小于我们到地磁北极(N_m)的距离。在北半球空间中,地理北极(N_g)即地磁南极(S_m)的磁场强度大于处于地理南极(S_g)的地磁北极(N_m)的磁场强度,若毛线针的北极指着北方,则毛线针会处于地磁场的磁感线的正确方向上,因为磁铁间的异性相吸,毛线针的北极会下沉,它与水平方向的夹角就是当地的磁倾角。相反,若毛线针的南极指着北方,根据同性相斥原理,则毛线针向着北方的南极会抬头。

总结以上内容,磁倾角来自形成地球地磁场的大条形磁铁和毛线针简易磁铁间的异性相吸和同性相斥。大磁铁的极地磁性最强,中间最弱,简易磁铁离大磁铁的某一特定极地近,受到的吸引或者排斥力就大,而远距离的极地对其影响就小,于是造成简易磁铁因磁性影响而形成的倾斜。

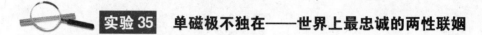

实验35　单磁极不独在——世界上最忠诚的两性联姻

材料:指南针,回形针,磁铁,老虎钳

磁化一段金属线(拉直的回形针)。用指南针测试它的极性,并标记出它的北极和南极(见实验29,磁铁的吸引和排斥)。把金属线从中间钳断,再测试两根短金属线的极性。再一次重复以上过程。你会发现,不可能产生一个单个的北极或者单个的南极。南北磁极间的"联姻"可称得上世界上最忠诚的婚姻,如图1-51所示。

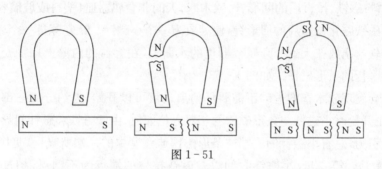

图1-51

其实磁铁南北极之间如此忠诚的原因也很简单,磁铁的形成是铁磁物质中的磁体单元整齐排列的结果(见实验25,磁化Ⅰ)。既然磁铁的两极是隐藏在组成它自身的单元里,那么宏观上无论多小的磁铁都包含了许多的组成单元。也就是说把磁铁制成粉(例如铁屑),它都可以存在两极,又怎能奢望出现单个磁极的磁铁呢?

那么磁体单元又是怎么回事呢?19世纪杰出的法国科学家安培受到载流螺线管和条形磁铁的相似性的启发(见实验53,通电螺线管的磁场),提出了这样一个假说:组成磁铁的最小单元(磁元)就是环形电流。若这些环流定向排列起来,在宏观上就会显示出N、S极来。这就是安培分子环流假说。如图1-52所示。

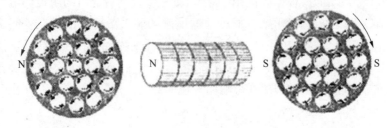

图 1-52

现在我们知道,原子是由带正电的原子核和绕核旋转的、带负电的电子组成。电子不仅绕核旋转,而且还有自旋。原子、分子等微观粒子内电子的这些运动形成了"分子环流",这便是物质磁性的基本来源。

 实验36 **磁铁的场线——小磁针运动的指引者**

材料:磁铁,拉直后的回形针,软木塞,大的非金属器皿(塑料或玻璃容器)

用磁铁磁化拉直后的回形针,使其成为一个小磁针。让它穿过一个软木塞。把这个软木塞放在大的非金属容器里的水面上,在容器的内壁上用手安置一个与水面平行的条形磁铁。如图 1-53 所示。

你会发现软木塞的运动不需要任何启动就可以开始,大约分成三部曲。首先,无论开始时小磁针与条形磁铁的相对方位如何,由于磁铁和磁针间异性间的隔空吸引力,总有小磁针的一端被条形磁铁伸在盆中的一端所吸引(见图 1-53(a)位置 1)。第二步,小磁针大约以被磁铁拉住的端点为不动点,扫过一个扇面,途经位置 2 继续往前扫过扇面,直到扫到条形磁铁下面与其相平行的位置。小磁针扫过扇面的方向,总是使其到达与条形磁铁平行的目标位置时扫过的扇面最小。第三步,水面上的小磁针在条形磁铁的阴影庇护下,不再继续运动。挪动条形磁铁的位置,重新开始,以上三部曲的规律不变。

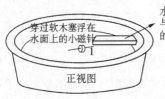

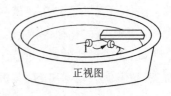

图中 1,2,3 表示小磁针运动中的先后位置

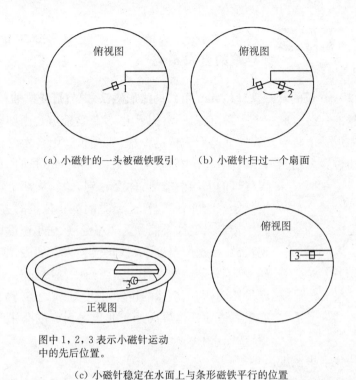

（a）小磁针的一头被磁铁吸引　　（b）小磁针扫过一个扇面

图中1，2，3表示小磁针运动
中的先后位置。

（c）小磁针稳定在水面上与条形磁铁平行的位置

图1-53　穿过软木塞、浮在水面上的磁针在水面上方与水面平行的
　　　　条形磁铁磁场中的运动

　　回想实验22（磁感线的图像），在条形磁铁的两极附近，磁感线的分布确如扇形，且磁极处的磁感线最密，说明磁极对异性小磁针磁极的引力最强，这也是小磁针的磁极被磁铁吸引，成为扇形运动中相对不动点的原因。小磁针的扇形运动被条形磁铁的磁感线所指引。也许有人会说，实验22中的磁感线和磁铁在一个平面上，而这里小磁针在水面上，条形磁铁位于水面之上。首先，磁铁离水面的距离应该很小，因此水面上的磁场与实验22中条形磁铁的磁场相比可能会稍弱一点，但磁感线的分布形式应该相同。

　　而从实验23（用指南针标出的场线图像）中可以看出，条形磁铁磁极附近的小磁针总是异性相吸的模式。由此可知，上面小磁针运动的第一步［见图1-53（a）］和第三步［见图1-53（c）］中离得最近的两磁极一定是异性。

 **实验 37** **居里（Curie）温度——克服因泡利不相容原理导致的自发磁化**

材料：20 cm 长的软磁铁丝（1 mm 粗），马蹄形磁铁，煤气灯或蜡烛

把铁丝的一端弯成一个小圈，套在一个钩子上，使铁丝能够自由摆动。让铁丝的下端靠近一个竖直安放的马蹄形磁铁的一极，直到铁丝因自发磁化偏离它铅垂的静止位置大约 45°，在整个过程中铁丝与磁铁没有接触。这时，让铁丝在煤气灯的火焰中加热，你会看到，铁丝从某个特定的温度开始，又会向回到自己铅垂的静止位置的方向摆动。这个特定温度被人们称为居里温度，居里温度取决于材料特性，在这个温度下，铁丝会失去它的磁性。再让铁丝冷却，观察会发生什么。当热铁丝冷却后，可以再次激发摆动，利用铁丝的自发磁化重复以上实验。可以小心翼翼地让铁丝再次处于非重力引起的非铅垂平衡位置，如图 1-54 所示。

图 1-54

下面说说居里温度。

由于铁磁物质的原子外层有电子围绕运动而形成一个小磁矩。物质由许多原子构成，如果小磁矩之间无相互作用，因为热运动造成的无序会使小磁矩在各个方向上的概率相等，导致物质本身总磁矩为零。但若是外加一个磁场，这些小磁矩均有沿外加磁场方向排列的趋势，结果沿外磁场方向的磁矩分量增加，物质本身的总磁矩不再为零，而是与外加磁场和温度有一定关系。经过一定的数学推导可知，物质的磁化率与温度 T 成反比，这就是居里定律。

但是，由于泡利不相容原理（泡利不相容原理可以简单地表述为：原子中的任意一个确定的电子状态只能容下一个电子，容不下两个或两个以上的电子。）使居里定律推导的前提（即小磁矩之间无相互作用）有偏差，所以小磁矩之间的相互作用也应该考虑。也就是说，即使没有外加磁场，铁磁物质内的小磁矩也有沿同一方向自然排列的趋势，即有自发磁化的趋势。加上此条再进行数学推导，发现物质的磁化率不是与温度 T，而是与温度（$T - T_c$）成反比，其中 T_c 叫做"居里温度"。这就是所谓"居里-外斯（Currie-Weiss）定律"：当温度高于居里温度时，自发磁化就自然消失。实验所得的磁化率的变化在居里温度以上的顺磁区域内与"居里-外斯"定律相符。

三、直流电实验

 **一个简单的电路——手电筒**

材料:1.5 V电池,合适的小白炽灯,金属线

剥去金属线两端的绝缘皮,把一端缠绕在小白炽灯的螺纹上,使灯泡与金属线接触良好。把剩余的金属线弯成"C"字形,把灯泡正中心的灯脚放在电池的正极之上。这时,当你把金属线的另一头与电池的负极相连接(相应的闭合电路图如图1-55右侧所示),灯泡就会亮。

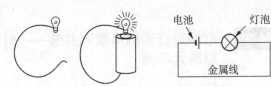

图1-55　简单的手电筒电路

交换电池正负极的连接,即把中心灯脚安置在负极上,灯泡一样会亮。

用一段橡皮筋,可以自制一个特简单的手电筒。这里,把已经固定在灯泡螺纹上的金属线弯成"S"形,并把灯脚安置在电池正极上。再按图1-56所示把金属线用一段橡皮筋或者黏胶带固定在电池上。相应的闭合线路图如图1-56右

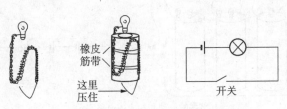

图1-56　带开关的简单手电筒电路

侧所示,开关断开表示金属线尚未压在电池负极上,灯泡不亮。开关闭合表示金属线已与电池负极接触良好,灯泡点亮。

对于有些实验,有一个小灯的托座是很方便的,这可以在电器商店找到。但人们也可以用一块软木塞和一些钉子自制。如图 1-57(a)三颗钉进软木塞的钉子就形成灯泡的支撑物。再钉两颗钉子在软木塞的侧面,一颗钉子必须用导线与灯脚紧密接触的钉子相连接,另一颗钉子则用导线与灯泡螺纹紧密接触的两颗钉子中的一颗相连。软木塞上的钉子是灯泡自身的接线柱,而侧面的两颗钉子就充当了电路中灯泡的接线柱。

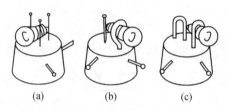

(a)   (b)   (c)

图 1-57   自制简易灯座

当然,也可以将与灯泡螺纹接触的两颗钉子改成倒 U 形钉,如图 1-57(b),或将与灯泡螺纹和灯脚紧密接触的钉子均改为倒 U 形钉,如图 1-57(c)所示。

  **电池和灯泡的串联和并联——灯泡亮度及相互影响大不同**

材料:3 个干电池,金属线,3 个灯泡

1)电池的串联

每次都把一个电池的正极和另外一个电池的负极相连接,这被人们称为电池的串联或者排列电路,如图 1-58 所示。

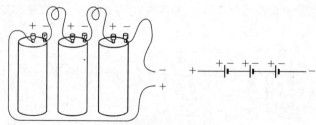

串联的电池和相应的电路表示

图 1-58

现在你把一个灯泡连接在有一个、两个和三个电池串联的电路中,如图1-59所示。闭合电路,注意灯泡的亮度。由此你可以得出什么结论?

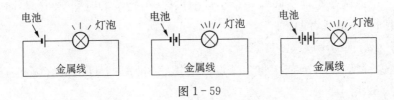

图1-59

实验中你会发现,多串联一个电池,灯泡的亮度会增加,即灯泡会变得更亮。

这是因为串联电池电路中的电池越多,电池提供给灯泡两端的电压 V 也越大,闭合电路中流过灯泡的电流强度 I 也越大,因而灯泡也越亮。

这里还需要说明的是,每个灯泡出厂时都有规定的额定电压,如果电源串联后的总电压使加在灯泡两端的电压 V 超过规定的电压,则流经灯泡的电流 I 就会大大增加,这也大大增加了把灯泡烧坏的危险。

2) 电池的并联

将所有电池的正极与正极相连接,负极与负极相连接的方式称为电池的并联,如图1-60所示。

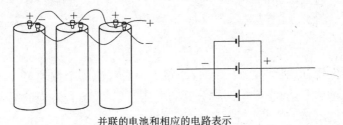

并联的电池和相应的电路表示

图1-60

把一个灯泡连接在有一个、两个和三个电池并联的电路中,如图1-61所示。闭合电路,比较灯泡的亮度,并由此得出推论。

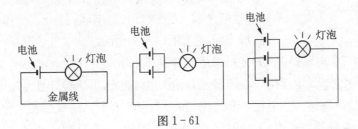

图1-61

43

实验中你会发现,多并联一个电池,小灯泡的亮度基本不变。

这说明,并联电池为灯泡两端提供的电压与一个电池提供的电压相等。当然,多一个或两个电池给同样一个小灯泡供电,可持续的时间,要比单个电池供电的时间长一倍或者两倍。

3) 小灯泡的串联

在这种情况下,要依次将一个灯泡的螺纹与另一个灯泡的灯脚相互连接。如图 1-62 所示。

串联的灯泡和相应的电路表示

图 1-62

现在,你把这样连接的一个、两个或者三个灯泡与一个电池相连接。如图 1-63 所示。

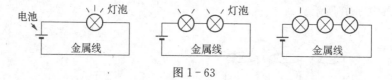

图 1-63

你会发现,电池个数为一个时,回路中串联灯泡的个数越多,灯泡越暗。因为串联灯泡多了,每个灯泡两端分到的电压就低了,流过灯泡的电流就减小了,因而灯泡就暗了。

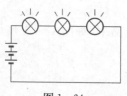

图 1-64

想一想,怎样才能在三个小灯泡串联,多个电池的情况下,得到和一个灯泡、一个电池相连接时的相同亮度?要想实现三个灯泡串联后接入电路的亮度,与一个电池、一个小灯泡连接成回路的灯泡亮度相同,就必须增加串联电池的个数。即三个电池串联,接上三个串联的小灯泡,形成回路,如图 1-64 所示。

因为三个电池提供给灯泡的总电压分到三个串联的灯泡上,与一个电池、一个灯泡时灯泡两端的电压相同,因而流过灯泡的电流也相同,于是灯泡的亮度也相同。

这时,再旋转一个灯泡离开灯座,如图 1-65 所示。观察会发生什么?

你会看到还留在电路上的灯泡不亮了。因为,一个灯泡离开灯座后,留下这

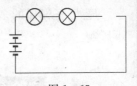

个灯座上的两个接头之间不再有灯泡内的灯丝连接,使原有的电路被断开,整个电路不再闭合。留在线路上的两个灯泡内没有电流通过,因而灯泡全都不亮了。这里告诉我们一个道理,如果把灯泡串联起来接入电路中,只要有一个灯泡丝断了、坏了,则整个电路的其他灯泡也不能发光。这就是灯泡串联接入电路的最大不利之处。

图 1−65

4) 小灯泡的并联

小灯泡的并联即把小灯泡的灯脚与灯脚、螺纹与螺纹相连接,如图 1−66 所示。

并联的灯泡与其电路表示

图 1−66

把一个电池的电压加到一个、两个或者三个这样连接的小灯泡上。如图 1−67 所示。

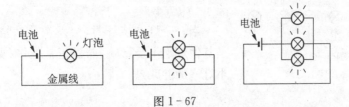

图 1−67

你会发现,用一个电池带动两、三个灯泡,居然每个灯泡都一样亮,而且每个灯泡都和一个电池带动一个灯泡一样亮。这是因为电池提供给每个灯泡两端的电压没有变化。当然一个电池带动的灯泡越多,电池使用的时间越短。

再次旋转一个灯泡离开灯座,如图 1−68 所示。

你会发现留下的灯泡不受影响,依然照原样地亮着。这是因为,即使一个灯泡离开了灯座,另外两个留在电路中的灯泡依然分别与电源连在一起,形成的闭合回路并没有改变。也就是说,多个灯泡并联在一起接入电路时,一个灯泡灯丝断了、坏了,不会影响其他好灯泡的正常工作。

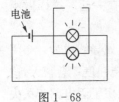

图 1−68

显然,圣诞树的多个灯泡应该并联接入电路,方能让每个灯泡独立工作、互不影响。

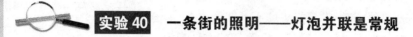

实验40　一条街的照明——灯泡并联是常规

材料:两节干电池,一些带插座的小灯泡,金属线

将两把椅子背当作支撑物,构思一个特别简单的、一条街的照明。把小灯泡按串联电路接通,像图1-69一样组装进行实验。

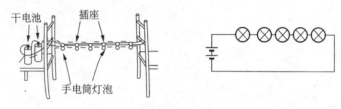

图1-69

如果一个灯泡因日久烧坏了,整个电路的所有路灯都会熄灭(见实验39,小灯泡的串联)。

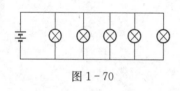

图1-70

当然,也可以把小灯泡按并联电路连接,如图1-70所示。

当一个灯泡烧坏时,会发生什么情况?结果是其他灯泡不受影响,照样正常工作(见实验39,小灯泡的并联)。

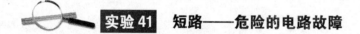

实验41　短路——危险的电路故障

材料:两节干电池,小灯泡,金属线

把两节电池串联后,与灯泡连接。再将灯泡与电路断开,在一些地方剥去金属线的绝缘材料。再在电路中接通灯泡,把裸露的金属线碰在一起。这样做刚好制造了一个短路,如图1-71所示。

从图1-71(b)与短路对应的电路表示可以看出,电池与金属导线成为一个闭合回路1。由于金属导线的电阻很小很小,所以回路1中的电流强度 I 会很大,这时如果你接触短路的触点部位,会发现触点处是热的。有些老房子因电路年久失修,造成电线裸露,一不小心两个裸露头碰在一起形成短路,就很容易造成房子失火。

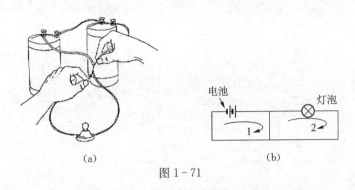

图 1-71

而在图 1-71(b)的回路 2 中，因灯泡两端均与金属导线连接，灯泡两端的电压几乎为零，通过灯泡的电流很小（电流都被回路 1 的导线分走了），因而灯泡也会熄灭。

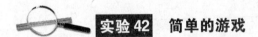

实验 42　简单的游戏

材料：干电池，金属线，回形针（金属的），灯泡，纸板

1）问答游戏——如果回答正确，立刻亮灯鼓励

把 12 枚回形针固定在与 A4 纸规格相近的矩形纸板的右侧，另外 12 枚回形针固定在左侧。给每一枚回形针一个编号，用金属线随意地连接左右两边的回形针，比如：左边的 12 号与右边的 7 号或者左边的 3 号与右边的 12 号相连，等等。构想 12 个问题，并缩写在一张纸条上，与问题对应的答案写在另一张纸条上。固定左边的问题和右边的答案的位置，使问题和答案出现的位置和事前已经连接好了的已经编了号的左右两侧回形针位置相同。取一个电池，使负极与一根金属线相连接，正极与灯泡螺纹相连接，在灯脚上固定一根金属线。这里使用的当然是在实验 38（一个简单的电路）中描述的小灯泡的插座。现在游戏装置完成，如图 1-72 所示。用一根金属丝接触回形针，表示选择位于回形针下的问题，另一根金属丝与右边的正确答案接触，灯泡就会亮，答案错误，灯就会保持暗的状态。

为了使游戏变得更有趣，你可以做成更多的问题和答案，把它们写在 A4 纸上（注意次序！）。然后让 A4 纸可以在回形针下移动。

2）神经测试游戏——亮灯决定输或赢

组装图 1-73 所示的电路。这个游戏的玩法是：让金属环在金属线上前行，却不能接触金属线，即不能让灯泡发亮。这个游戏的名称叫做"看你有多稳定"。

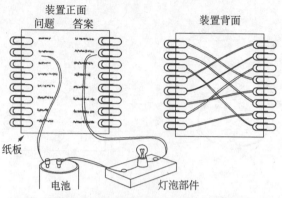

两条金属线连接问题和答案,如果答案正确,灯就会亮。

图 1-72

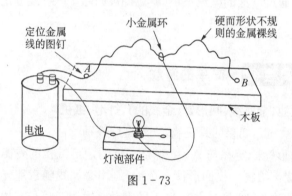

图 1-73

游戏规则:

(1) 圆环从 A 开始运动到 B 而不触及金属裸线,灯泡一直不亮,你就赢了。

(2) 如果不小心让圆环触碰了金属裸线,灯泡亮了,你就输了。

此游戏的另一个变形为,输或赢亮灯不同。如图 1-74 所示。

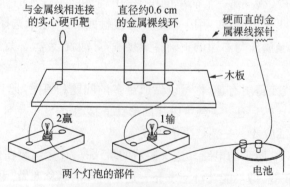

图 1-74

游戏规则：

（1）探针穿过三个圆环去触碰靶，而不触及任何一个圆环。

（2）如果探针触及任意一个圆环，灯泡1会亮，你就输了。

（3）如果探针触到靶，而没有触及任何一个圆环，灯泡2亮了，你就赢了。

（4）如果探针把靶和圆环都触碰到了，灯泡1和灯泡2都亮了，你也输了。

 实验43　一个开关——接通、断开灵活自如

材料：一段木头或者厚纸板，金属图钉，金属线，带插座的灯泡

取一枚回形针，把里面的部分向外弯曲。将金属线与回形针的一部分连接起来，并用两个图钉，如图1-75那样使其固定。再取第二根金属线，把去了绝缘皮的末端缠绕在另外一个图钉的尖端，并把它压进木头，使下压回形针时，回形针能够和图钉相触碰。现在，把灯泡、电池和这个开关连接成一个电路。

当你下压回形针时，灯泡会亮，放手后灯泡又会熄灭，这个开关就制作成功了。

你也可以按图1-76构造开关：

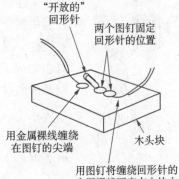

图1-75

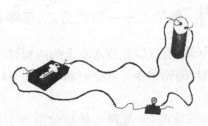

图1-76

钥匙一端的圆孔与金属裸线接触牢固地相连接，若另外一端压住回路中的金属裸线，则电路接通，形成回路，灯泡发光；若钥匙此端离开金属裸线，摆放在木头块上，则电路断开，灯泡熄灭。

只要电压低于36 V，均属于安全电压，人体接触不会有危险，也没有触电的感觉。但我们日常生活用电的插座是220 V的交流电压，千万不能在插头插入电源时，触碰插头的金属插片，那样可能会触电，有生命危险！

实验44 **家里制造的灯泡——给金属丝两端提供高电压**

材料:带有合适软木塞的玻璃瓶,4节干电池,两颗钉子,金属线,很细的金属丝

把一根很细的金属丝在铅笔上缠绕几圈后再摘下来,如此就形成了一个小线圈(相当于自制白炽灯灯泡的灯丝)。这里所说的很细的金属丝可以从洗碗用的钢丝绒球中取出。挤压两颗钉子穿过软木塞。把小线圈两端分别与两颗钉子尖牢固连接,如图1-77所示。注意,必须防止接触不良。用软木塞把玻璃瓶关好。接通串联4节电池的电路。由于高电流通过,金属丝会热到被烧红。过了一定的时间,金属丝会被烧断,于是自制的电灯也熄灭了、坏了。在现代的白炽灯中,会通过给灯泡内充以某种气体,并且部分抽真空来阻止这个熄灭、毁坏过程的发生。

图1-77

白炽灯的发明源自美国最富有成果的发明家——托马斯·爱迪生(Thomas Alva Edison)(1847—1931年),他还登记了至今还在应用的白炽灯的螺旋螺纹(爱迪生插座)的专利。

实验45 **保险丝——牺牲自己,保护电路**

材料:灯泡,灯座,保险装置(装在软木塞上的两颗钉子与电路两端连接,钉子之间连接上充当保险丝的铅箔条),其余材料与实验44(家里制造的灯泡)的一样。

实验44(家里制造的灯泡)通过烧断的灯丝描述了保险丝的原理。即把大电流下易烧断的金属丝串联在电路之中,充当保险丝。一旦线路中因意外而出现的电流超过正常值时,保险丝先被烧断,从而使电路断开,不再有电流流过,既防止火灾,又保护原有的电路设备不受损害。为此,你可以做如下实验:

串联接通电池、实验44中的灯丝金属线和灯泡,然后在金属导线的两个位置上剥去绝缘皮,以便用螺丝刀制造短路。当你使导线短路时,灯丝金属丝就会烧红、烧断致使电路中断。如图1-78所示。

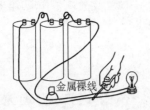

金属裸线

完好的灯
丝金属线

短路时,灯丝
金属线被烧断

铅箔条(保险丝)

软木塞

保险装置

图 1-78

第二次,用保险装置替换灯丝金属线装置(见图 1-78),再次用螺丝刀制造短路,这回烧断的是保险装置中的保险丝——细细的铅箔条。

实验 46 **导体或者绝缘体——在电路中用灯泡检测物体的导电性质**

材料:两支带橡皮头的铅笔,干电池,带灯座的灯泡,两颗金属图钉,导线

把导线一端的绝缘皮去掉,在图钉的尖头上至少缠绕 6 圈,然后把图钉插进铅笔的橡皮头。取第二根导线和第二支铅笔重复以上操作。

如图 1-79 所示,将电池的一极与灯泡相连。把一支铅笔头上的金属线与灯泡的另外一头接通。另一支铅笔头上的金属线接在电池的另一极上。

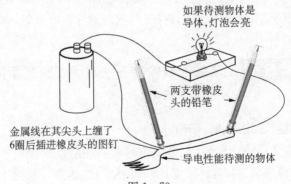

如果待测物体是
导体,灯泡会亮

两支带橡皮
头的铅笔

金属线在其尖头上缠了
6 圈后插进橡皮头的图钉

导电性能待测的物体

图 1-79

现在,你取一个物体,用铅笔橡皮头上的图钉与其接触。如果灯泡亮了,说明物体是导体。如果灯泡不亮,则证实物体是绝缘材料。检测以下材料:纸板、橡皮、玻璃、木头、塑料……

实验 47　亮度调节器——用途广泛,理论基础是欧姆定律

材料:铅笔,小灯泡,干电池,金属线

沿着铅笔的长度方向剖开铅笔,把电池的一极与铅笔尖连接。按图 1-80 搭建实验装置。现在,让金属线在石墨上沿着石墨运动。金属线离铅笔尖的距离越近,接入电路的电阻会越小,灯泡就会越亮。也就是说,电流回路中电阻越小,电流越大。

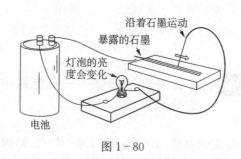

沿着石墨运动
暴露的石墨
灯泡的亮度会变化
电池

图 1-80

这个简单的事实经常被用在电影院里,当电影开始时,让电路中的电阻加大,使灯光转暗。在收音机中音量的调节也与此同理。

这个事实得以发生的物理理论基础是欧姆定律。它是以德国物理学家乔治·西蒙·欧姆(Georg Simon Ohm, 1787.3.16—1854.7.7)的名字来命名的(见第三部分,电子学,实验 4,欧姆定律)。欧姆定律在电学领域里特别有用。

实验 48　电流的磁效应——右手定则判断电流与磁场间的方向关系

材料:干电池,导线,铁屑,指南针

铁屑可以在专门商店购买,也可以通过锉刀压磨铁质物体得到。指南针可以简单地自制(见实验 24,自制指南针)或从专门商店或互联网上购买。剥去导线两端约 5 cm 长的绝缘皮,如图 1-81,让电池短路接通。把导线的中间一段埋入铁屑后再拉出来。你会看到，一些铁屑留挂在导线上，说明通电导线具有磁性。

图 1-81　通电导线有磁性

图 1-82　无电流通过的导线没有磁性

　　如图 1-82，旋下电池中一极的导线，中断电流，做同样的实验，观察会发生什么？你会发现，没有电流通过的导线埋入铁屑中再拉出来，导线上没有铁屑遗留。说明没有电流通过的导线不具有磁性。以上两个实验的比较说明导线所具有的磁性是其中流过的电流赋予的。

　　汉斯·克里斯丁·奥斯特（Hans Christian Oersted，1777—1851 年）在 1850 年借助于一个指南针意外发现了电流的磁效应。他做过的电流磁效应的实验如下：

　　取一块纸板，按图 1-83 左图安排实验。在接通电池之前，旋转纸板，使导线和指南针的指针平行。接通电路，观察指南针的指针。你会发现，指南针的指针从原来的与导线平行的方向，偏转到与导线垂直的方向上去了。

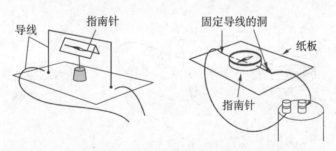

图 1-83　意外收获"电流磁效应"的实验

　　中断电池连接。交换电池连接的极性后再次接通电路。看看指南针的指针会指向哪个方向？结果发现，电流方向因电池极性交换而旋转了 180°后，指南针的方向也旋转了 180°。

　　把指南针放在导线上方再试一次，如图 1-83 右图。则指南针所指的方向和导线中电流方向的关系和刚才相反。当然二者的方向关系还是有规律（如下所述的右手定则）可遵循的。

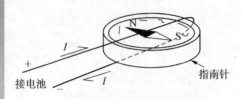

图1-84　电流磁效应的更灵敏的实验

当把指南针放进 U 形导线的活口之中，如图 1-84 所示，能得到指南针的一个反应更灵敏、更明显的效应。

这是因为，指南针上下导线内电流方向相反，它们对指南针偏转的影响效果却相同，二者相同效果的叠加，导致了更明显的效果。具体理由，见如下的右手定则。

根据"右手定则"可以预判指南针指针的行为：

（1）在指南针上方用右手中指指着指南针，食指指出电流（电子流－　→　＋）的方向，如图 1-85 所示。这时，拇指所指的方向就是指南针北极所在的方向。

（2）或者如图 1-86 所示，让右手拇指指向电流方向（＋　→　－），弯曲其余四指环绕电流，则弯曲的四指给出磁场的方向，即磁感线的环绕方向。而磁感线的切线方向是位于此处的小磁针北极所指的方向。

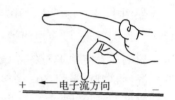

当电流流过，指南针北极的方向就是拇指的指向

图1-85　右手定则给出电子流（－　→　＋）和磁场北极方向的关系

(a)　　　　　　(b)　　　　　　(c)

图1-86　右手定则给出电流方向（＋　→　－）和磁场北极方向的关系

很明显，根据右手定则的判断，位于指南针下面和上面的载流导线，在指南针所在的位置的磁感线方向，即指南针北极所指的方向是有区别的，见图 1-86 的(a)和(c)。

两种指示指南针方向的方法等效，你认为哪种方法方便就可以用哪种方法。注意两种方法所指的电流方向不同。（1）是电子流方向，从负极到正极（－　→　＋）。（2）是电流方向，从正极到负极（＋　→　－）。

实验 49 **电磁铁——给铁质物体绕上线圈,通上直流电流**

材料:螺丝刀,钉子,2 m 长的金属线,6 V 干电池,金属大头钉

在螺丝刀杆或大钉子杆上绕上有绝缘外皮(比如外表涂了清漆绝缘)的导线(约 20 圈),把导线的两端与干电池相连。研究这样制成的电磁铁的效果,比如给线圈通电后,吸引大头钉,如图 1-87 所示。还可以探测这个电磁铁是否能对指南针起作用(参见实验 23,用指南针标出的场线图像)用我们的电磁铁钉子代替实验 23 的条形真磁铁。

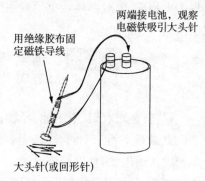

两端接电池,观察电磁铁吸引大头针

用绝缘胶布固定磁铁导线

大头针(或回形针)

图 1-87

完成这种实验的动作要快,因为电池的负载相当大,电池的电量很快就会消耗殆尽。

这种今天随处都需要的很有用的电磁铁器具源自两个物理学家:约瑟夫·亨利(Joseph Henry)和威廉姆·瑟简(William Surgeon)。这种磁铁的优点非常明显,人们可以接通它,也可以关掉它,还可以为它安装一个像实验 43(一个开关)中图 1-75 那样的开关。

你当然也可以制造一个马蹄形电磁铁。

材料:约 30 cm 长的直径 0.5 cm 的一段铁条,导线

将铁条(或长钉子)弯成一个倒 U 字形,用导线在它的竖直部分缠绕,留出约 30 cm 的导线头用来连接电池。为了保证你能得到一个马蹄形磁铁,请完全按照图 1-88 所画的方向来绕线。可以用指南针检查一下,是否有北极和南极。缠绕导线之后,最好用绝缘胶布把导线固定,防止其松开。现在,你可以测试这个马蹄形磁铁的磁效应。

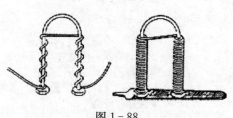

图 1-88

改变线圈的圈数,测试一下磁铁的强度。接通电池,数数滞留在磁铁上的大头针的个数,切断电源。重复几次以上过程,找出平均值。你会发现,线圈圈数越多,磁铁的磁性越强,吸引的大头针的个数越多。

也可以分别接一个电池和串联接通两个电池,测试磁铁的磁性对电流强度的依赖性。显然,电流强度越大,磁场越强。

还可以做如下实验:放开一半的线圈,然后沿另外一个方向重新绕上。磁场强度会怎样变化? 根据实验53(通电螺线管的磁场)中的右手定则(见图1-99),如果U形铁条两边线圈的绕法使其中电流给出的空间磁场的方向相同,形成磁场效果的增强叠加,则马蹄形磁铁的磁场就强,如果两边线圈中的电流给出的磁场方向相反,形成磁场效果的减弱叠加,则马蹄形磁铁的磁场必然很弱。

 实验50 **通电导线的磁场Ⅰ——右手定则决定其磁场方向**

材料:金属衣架,干电池,导线,纸板,指南针

在纸板上画三个同心圆,把衣架弯成如图1-89所画的架子。让架子穿过纸板并接通电池,使电流流过架子。把指南针放在圆形曲线上的不同位置,用箭头在纸板上记录下指南针北极所指的方向。你会发现,如图1-90,箭头沿圆轨道的切向,符合右手定则。见实验48电流的磁效应,图1-86。

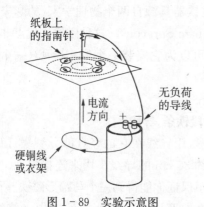

图1-89 实验示意图

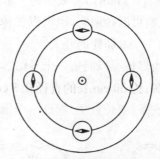

图1-90 放大的磁场俯视图(最中心的小圆表示通电导线,圆点表示电流方向垂直于纸面向外,小磁针黑三角尖是北极N)

也可以用其他的电路重复此实验。比如,改变纸板的高度。还可以按图1-91所画的装置进行实验。

你会发现,通电导线的电流方向与它所产生的磁场的关系符合右手定则(见实验48,电流的磁效应)。如图1-92为放大的磁场俯视图。

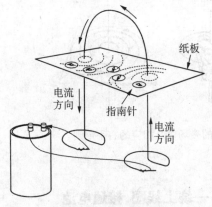

图1-91　实验示意图

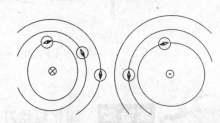

图1-92　图1-91中纸板上小磁针所示磁
场的放大磁场俯视图(最中心的小
圆表示通电导线,圆点表示电流方
向垂直于纸面向外,叉号表示电流
方向垂直纸面向里)

　　切断电流,观察断电过程中的指南针。结果是,电流没了,电流的磁场也就
没有了,所有指南针都会回到它们固有的、相同的南北指向。

　**实验51**　**通电导线的磁场Ⅱ——铁屑的排列就像许多小
指南针**

　　材料:和实验50(通电导线的磁场Ⅰ)一样,铁屑

　　铁屑像实验50中安排小指南针那样安排,即在纸板上撒上铁屑,用手指小
心地拍动几下纸板,把所得结果与实验50相比较。如图1-93为用铁屑显示通
电导线磁场的实验示意图。

　　你会发现,铁屑的排列和实验50的指南
针类似,呈同心圆形式。实际上,这里的铁屑
就像许多小小的指南针,北极指向与导线中
的电流方向之间符合右手定则。如图1-94
所示。

　　断开电路,再次轻拍纸板。铁屑的排列
不再有确定的规则。因为导线中没有了电
流,由电流引发的磁场就不存在了。

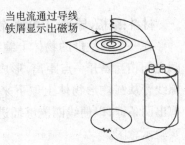

当电流通过导线
铁屑显示出磁场

图1-93　用铁屑显示通电导线磁
场的实验示意图

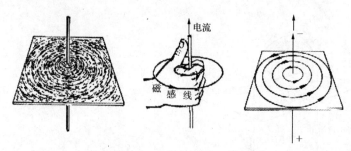

图 1-94　铁屑显示的通电导线的磁场以及相应的右手定则

 实验52 **磁化螺丝刀——绕上线圈,接通电池**

材料:螺丝刀,3 m 长的导线,干电池

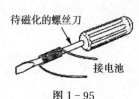
待磁化的螺丝刀

接电池

图 1-95

取一把螺丝刀,用一些回形针试试它是否有磁性。如果没有磁性,你可以用如下方法使其磁化:在螺丝刀杆的末端缠绕几厘米长的导线,让导线的末端接通电池超过 10 秒钟。如图 1-95 所示。现在,你把缠在螺丝刀上的导线去掉,或者把导线与电池的接头断开,再用回形针进行测试。

你会发现,螺丝刀可以吸引回形针,说明螺丝刀被磁化了,它是通过绕在其上的线圈中的电流被磁化的。

此实验与实验25(磁化Ⅰ)进行比较发现,除了可以用磁铁沿着同一方向摩擦磁化铁棒以外,用电流也可以磁化金属棒,方法还更简便易行。

 实验53 **通电螺线管的磁场——载流线圈制造条形磁铁**

材料:纸板,导线,干电池,铁屑

在一个圆柱形的物体上缠绕几圈导线,使每圈之间相互隔开一点距离,形成一个螺线管。把螺线管从圆柱形物体上取下来,然后,在纸板上剪出两条缝,以便线圈能够插进去。图 1-96 为实验示意图。

让线圈与电池接通。撒一些铁屑在纸板上,用手指轻敲纸板,观察铁屑如何分布。

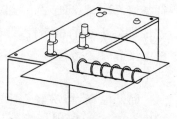

图 1-96　螺线管通以直流电的实验示意图

如图 1-97 所示,把载流(电流强度为 I)螺线管的磁场与条形磁铁的磁场及实验 22(磁感线的图像)进行比较发现,本实验的载流(I)螺线管的磁感线或者说是磁感线的分布与一块条形磁铁很相似。

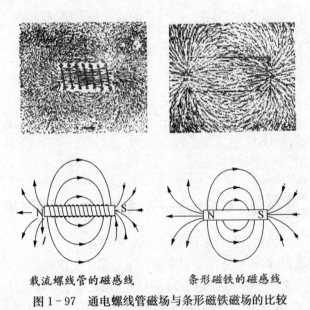

载流螺线管的磁感线　　　　　　　条形磁铁的磁感线

图 1-97　通电螺线管磁场与条形磁铁磁场的比较

从磁感线的方向规定可知,条形磁铁的磁感线是从 N 极出发,走向 S 极。螺线管在外部空间产生的磁感线与条形磁铁的磁感线十分相似,从螺线管的一端(称作等效 N 极)出发,走向另一端(称作等效 S 极),但在螺线管内部却是从 S 极走向 N 极。

为了进一步确认载流螺线管与条形磁铁的相似性,我们可以通过实验来确定载流螺线管的南北极。

如图 1-98,把一个通电螺线管挂起来,使我们既可以通过支柱将电流通入螺线管,又可以让螺线管在水平面内自由偏转。接通电流后,用条形磁铁的确定的一极分别去接近螺线管的两端。你会发现,螺线管的一端受到吸引,另外一端受到排斥。如果把条形磁铁的极性换一下,则螺线管原来受吸引的一端变为受排斥,原来受排斥的一端变为受吸引。这表明,螺线管本身就像个条形磁铁一样,一端相当于 N 极,另一端相当于 S 极。

经实验可以发现,螺线管的极性和电流方向有关。可以用如图 1-99 的右手定则来描述:用右手握住螺线管,弯曲的四指沿着电流环绕的方向,将拇指伸直,这时,拇指便指向螺线管的 N 极。

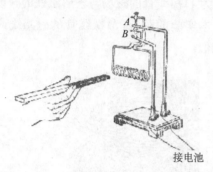

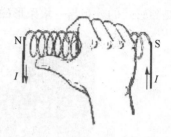

图 1-98　螺线管和条形磁铁相互作用
　　　　　显示出极性

图 1-99　确定螺线管极性的
　　　　　右手定则

 实验 54　电报机——开关操控电磁铁是关键

材料:钉子,木头块,硬纸板,图钉,开关,干电池

在电话出现以前,电报是人们很常用的紧急信息长距离传输方式。

电报机是莫尔斯(Samuel F. B. Morse)发明的,它是一种通过声音长短不同的组合表达语义、构成信息,而且能远距离快速传递信息的机器。1844 年 5 月 24 日第一条信息"上帝完成了什么工作?"从华盛顿 D. C 向巴尔的摩(Baltimore. Md.)成功传递。

作为电报机,需要有一个电报机开关,通过报务员操作来组成需要传递给远方的信息,还需要一个能发出声音的发声器作为收报机来接收发来的消息(见图 1-100)。

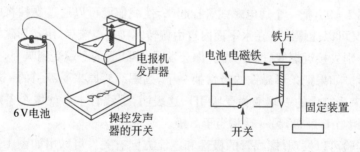

图 1-100　电报机示意图及相应的电路图

你可以按如下步骤自己建造一个简易发声器。见图 1-101,取一根钉子,在上面绕上金属线,这样你就得到一个电磁铁(见实验 49,电磁铁)。把钉子敲

进一块木块,用图钉把钉子两端的传输线固定。把另一颗图钉头朝下按在一块尺寸为 2 cm×5 cm 的纸板上离边缘 0.5 cm 的地方,把图钉尖弯过来以使图钉掉不下来。再把纸板固定在比钉子高约 0.5 cm 的木块上。木块的固定方式是使图钉正对着钉子上方。

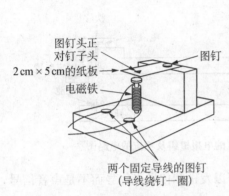

图 1-101　简易电报机发声器细节

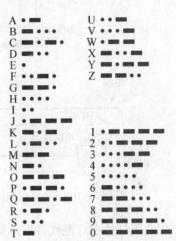

图 1-102　莫尔斯电码(点表示短音,横短线表示长音,26 个英文字母都有了代码,则有语义的英文短语电报就可以表达了)

如图 1-100 所示,用开关和电池把整套装置组合起来,形成电流回路。当开关闭合,就有回路电流,这个回路电流使钉子磁化成为电磁铁,吸引它上方离它很近的图钉或铁片,开关断开,绕钉子的线圈中没有了电流,钉子的磁性大大减弱,便放开了它上方的图钉。图钉头和钉子头碰在一起又分开,会听到咔嚓一声,开关闭合和放开的时间长短不一,就构成了有确定密码(比如莫尔斯电码,见图 1-102)的发报声音。

如果你把连接在开关两端的传输线接得足够长,可以使开关和发声器位于两个不同的房间,则至少能向一个方向传递信息。

为了能相互传递两个方向的信息,得再建造第二个发声器和第二个开关。然后,按图 1-103 进行连接。

由图 1-103 可见,同一组发声器和对应的操控开关分别远距离放置,以达到传递信息之目的。而开关线路相连是为了便于听到对方信息后方便响应对方。

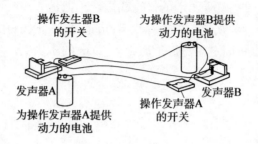

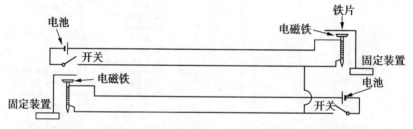

图1-103　可以双向传递信息的电报机组及相应的电路图

用白炽灯的小灯泡代替发声器,则可以发送和传递光信号而不是声音信号,如图1-104所示。

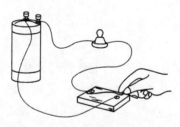

图1-104　发送和传递光信号的"电报机"

实验55　一种铁路信号器——电报机原理的启发与扩展

材料:与实验54(电报机)相同

实验54中的电报机发声器,用开关操控电磁铁吸放图钉头的声音来向远方传递声音信息。现在,你也可以通过吸引图钉头牵动一个机械装置,把一个铁路信号杆抬起来。通过断开开关使电流为零,退磁,释放图钉头,把铁路信号杆放下来。这样就建造了一种铁路信号器,它可以为现代化铁路服务。如图1-105所示。

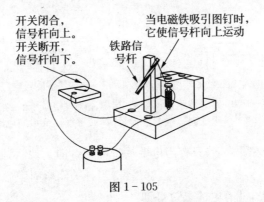

开关闭合，
信号杆向上。
开关断开，
信号杆向下。

铁路信号杆

当电磁铁吸引图钉时，
它使信号杆向上运动

图 1 - 105

比如铁路线在穿过城镇、乡村等人口稠密地区的前后时段，就可以用上图放大后的类似装置，利用铁路信号杆拦截过路的行人、车辆，待火车开过以后，放下铁路信号杆，任人、车通行。

 **实验 56　继电器——电磁开关**

材料：见实验 54（电报机），小灯泡，回形针

继电器是一种电磁开关，可以用来控制另外一个电路里的电流。把实验 54 的电报机发声器稍加修改，就可以做成一个继电器，如图 I - 106 所示。步骤如下：

（1）把接线柱 1 和 3 接到电池的一极上；

（2）把接线柱 2 与开关相连；

（3）接线柱 4 与灯泡相连；

（4）把连在灯泡和开关上的另外两条线接到电池的另外一极。合上开关给继电器通电，灯泡就会亮。

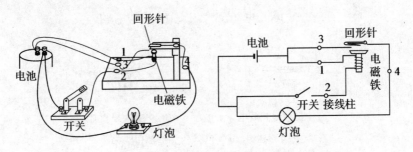

图 1 - 106　继电器装置接线示意图及相应的电路图

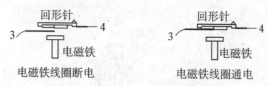

图1-107 继电器示意图细节（当电流流过绕钉子的线圈，电磁铁向下吸引回形针时，回形针才会接通电路）

电路的连接必须满足，只有当电磁铁把回形针向下拉时，回形针才会与金属线3相接触，如图1-107所示。也就是说，当开关闭合时电磁铁通电，导线3和4之间的空隙消失，就有电流通过灯泡。

许多时候，直接控制大功率电路并不方便，就可以将功率微小的继电器适当地接入电路作为开关使用，实现小功率控制大功率。

实验 57 铃铛——吸铁后立刻断电、放铁后立刻通电，巧妙如同人敲钟

材料：见实验56（继电器）

按图1-108搭建电路，请注意，此图与实验56图1-106的区别仅仅在于与电磁开关相应的电路。电气信号器关键部位细节请参看图1-109。

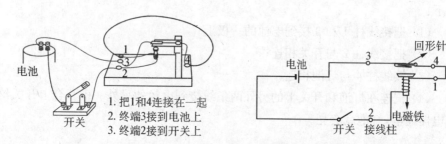

1. 把1和4连接在一起
2. 终端3接到电池上
3. 终端2接到开关上

图1-108 电气信号器示意图及相应电路图

(a) 电磁铁线圈断电

(b) 电磁铁线圈通电

图1-109 电气信号器关键部位细节

开关断开时,电磁铁线圈没有电流流过,回形针 4 处于靠近但不接触电磁铁的上方位置,与金属导线 3 有良好接触。

开关闭合后,电流流过电磁铁线圈,回形针 4 被电磁铁下拉吸住。同时 4 与金属导线 3 分离,这使电磁铁线圈与电池的连接断开。同时使电磁铁线圈内的电流在短时间内变为零,于是只好放开回形针 4,让其与 3 接触。4 与 3 一接触,又接通了电磁铁线圈的电流回路,电流流过电磁铁线圈,回形针 4 被电磁铁下拉吸住。4 与 3 又分离,……如此循环往复。

几乎所有的门铃和学校上下课用的铃都是基于这个原理的。如图 1 - 110 所示,开关断开时,锤子 4(相当于示意图 1 - 108 中的回形针)在上方、靠近而不接触电磁铁的位置。一旦开关闭合,电磁铁线圈通电,吸引锤子下行,就使锤子与固定的圆形金属钟相碰。但锤子下行与圆形钟接触,刚敲一下钟就立刻断开了锤子铁杆和触头 3 的连接,从而断开

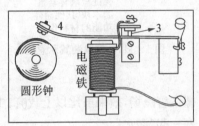

图 1 - 110 真实的电铃装置示意图

了电磁铁线圈的电流回路,电磁铁对锤子杆 4 很快就没有了吸引力,锤子上弹脱离圆形金属钟,又与触头 3 接触。由于电铃以外线路的总开关是一直闭合的,4 与 3 接触又闭合了电磁铁线圈的电流回路,使电磁铁又吸引锤子下行敲钟。……如此循环,就形成了锤子不停地敲钟,铃声不断。除非断开铃外的开关,彻底切断电铃与电源的连接,方可以停止铃声。

也就是说,电磁线圈通电吸铁敲钟,吸铁敲钟后,立刻断电、断电放了铁锤,铁锤离钟,铁锤一离开圆形钟面,立刻接通电源,如此循环往复。吸铁如人手执锤往下敲钟,放铁如执锤之手离开钟面。吸铁、放铁交叉进行,如同人手在急切不停地敲钟。用电磁铁模仿人手敲钟的仿生构思可谓十分巧妙。模仿人手,效率又远高于人手。

 **实验 58**　**潜水员——中空的强磁场助铁钉穿越**

材料:细长的玻璃杯,软木塞,金属线,干电池(6 V)

如图 1 - 111 所示,在细长的玻璃杯外壁绕大约 30 圈金属线,两头留些余地以便连接线路。将一颗小钉子穿过软木塞。在杯中装入足够量的水,让软木塞和钉子刚好浮在水面上。为保证软木塞和钉子浮起来,可以从一个厚的软木塞开始,然后一点点地把软木塞削薄,直到达到想要的目标。像以往一样,别让接

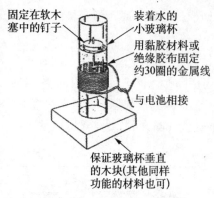

固定在软木塞中的钉子

装着水的小玻璃杯

用黏胶材料或绝缘胶布固定约30圈的金属线

与电池相接

保证玻璃杯垂直的木块(其他同样功能的材料也可)

图1-111 实验装置示意图

电池的线太长,否则会是一个大的负载。

现在把线圈与电池相连,观察会发生什么情况。你会看到,铁钉拉着软木塞一起下沉潜水。这是因为,就像实心条形磁铁的两极会吸铁一样,空心的螺线管"条形磁铁"(见实验53,通电螺线管的磁场)因其中空的内部也有磁场,因而能引导铁质体穿越其中。

把以上实验稍加变化,如图1-112,去掉绕在玻璃杯上的载流线圈,用马蹄形磁铁南北两极间的磁场在玻璃杯外代替螺线管磁场,效果虽比以上载流、中空的螺线管差些,但也能看到,铁钉携带软木塞一起"潜水"。

但是,用条形磁铁代替这里的马蹄形磁铁却是不行的。因为,若条形磁铁的摆放与玻璃杯轴向垂直,其磁感线所反映的磁场方向在磁极附近主要沿玻璃杯的横向,它只是吸引铁钉头向杯外磁极挤靠;若条形磁铁沿着玻璃杯的纵向摆放,因条形磁铁中间部分的磁场很弱,对杯内铁钉的影响也很有限。

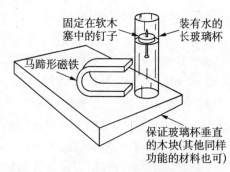

固定在软木塞中的钉子

装有水的长玻璃杯

马蹄形磁铁

保证玻璃杯垂直的木块(其他同样功能的材料也可)

图1-112 稍加改变后的实验装置

实验59 扩音器的作用原理——永久磁铁和通电线圈磁铁相互作用

材料:比较硬的金属线,磁铁,电池

做一个线圈并将它如图1-113一样固定在一个木头块上,在线圈下面放置一个强的永久磁铁。当把线圈与电池相接,观察会发生什么现象?

你会发现,刚通上电流时,线圈就会向上或向下运动。线圈之所以这样运动,是因为线圈通电后,形成的人造条形磁铁(见实验53,通电螺线管的磁场)和下面的永久磁铁间的极性关系遵循异性相吸、同性相斥的原则。

现在,当你交替地让线圈与电池接通又断开,你会发现,线圈会振动。我们平日所见的扩音器就是用了这个原理。在扩音器中,线圈或者磁铁会和一个薄

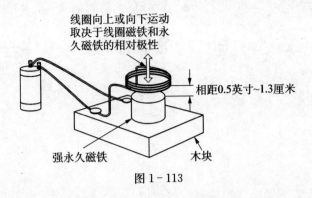

线圈向上或向下运动
取决于线圈磁铁和永
久磁铁的相对极性

相距0.5英寸~1.3厘米

强永久磁铁　　　木块

图 1 - 113

片相连,线圈内是方向不断变化的交流电,于是薄片被激励而振动,发出声音。

　　注意:这里描述的不是放大原理,而是经放大后的声频交流电流过线圈时,是如何激励薄片振动发声而还原声音的原理。

四、洛伦兹(Lorentz)力和感应

实验60　洛伦兹力 I

材料:电池,铝箔,鞋盒,马蹄形磁铁

取一个鞋盒或者类似的无盖纸板盒,在纸盒较短的两对边的每一个面上剪一个 1 mm 宽、10 mm 高的缝。用铝箔剪一条大约 5 mm 宽的带子,使它能插入一个缝,又能从对面的缝中穿出纸盒(装饰圣诞树用的锡纸线也可以)。带的中间可以稍许下垂,如图 1-114 所示。

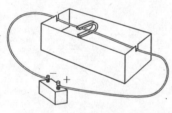

图 1-114　实验装置示意图

手持马蹄形磁铁,让磁铁的一个极在铝箔带的上方,另一个极在铝箔带的下方。把铝箔带两个自由的末端分别与电池的正负极相连,观察铝箔带的行为。

你会发现,通电铝箔带因受到洛伦兹力 **F** 而沿着与(从北极到南极的)磁场方向相垂直的方向运动。如果交换磁极的位置,再重复以上实验,则载流导线的运动方向相反,如图 1-114 所示。这说明,这时导线所受力的方向与前相反。

为了方便在图中显示电流方向、磁铁两极和铝箔受力方向的关系,我们把示意图 1-114 修改简化成如图 1-115 的形式,用导线表示铝箔,用两个支架表示两端开缝的鞋盒,所得结果与我们的实验是一致的。

判断载流导线在磁场中的受力方向,可以用左手定则。伸出左手,让磁感应强度矢量 **B** 穿过手心,或者手掌心对着磁场北极,四指指向电流 **I** 的方向,则伸直的大拇指,就是载流导线受力 **F** 的方向。如图 1-116 所示。

图 1-115 中,导线运动的方向即受力 **F** 的方向,与由图 1-116 所示的左手定则所得的 **F** 方向相一致。

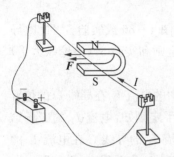 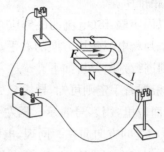 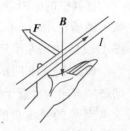

图 1-115　通电导线在磁场中的运动(I 为电流方向,F 为导线受力也即运动的方向)

图 1-116　载流导线在磁场中受力方向的左手定则

实验 61　**安培(Ampere)的定义——载流导线所受的力定义电流单位**

材料:电池,铝箔,鞋盒

取如同实验 60(洛伦兹力 I)中的鞋盒,在较短两对边的每一个面上剪两个 1 mm 宽、10 mm 高、相距约 5 mm 的缝。用铝箔剪两条约 5 mm 宽的带子,使它们分别插入一个缝,又从对面的缝中穿出纸盒(装饰圣诞树用的锡纸线也可以)。两条带的中间可以稍许下垂。

在纸盒的两个外侧面把两个相邻的带子的末端合在一起,并把它们与一个电池的两极分别相连(即两条铝箔带子并联)。通过带子会有平行同方向的电流流过。请观察,铝箔带会怎样动作。

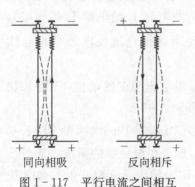

同向相吸　反向相斥

图 1-117　平行电流之间相互作用示意图

再次实验时,可以修正一下:中断一侧的、在纸盒同一外侧面的两个铝箔带的连接,把铝箔带的两个活动端头分别与电池两极相连的金属线相连接。另外一侧的两个铝箔带保持连接,但不再与电池相连。即两条铝箔带子串联。现在两条铝箔带中流过的电流方向总是相反。再次观察,铝箔带的行为。

如果把鞋盒竖起来,观察到的现象如图 1-117 所示。

铝箔带中,如果流过的电流方向相同,则两条铝箔带所受的力使两条铝带相吸引,如果流过的电流方向相反,则两条箔铝带所受的力使两条铝箔带相排斥。

这其中的原因,可以用实验48(电流的磁效应)图1-86或实验51(通电导线的磁场Ⅱ)图1-94中判断电流磁场方向的右手定则和实验60(洛伦兹力Ⅰ)图1-116中的左手定则进行判断分析如下。

如图1-118所示,根据右手定则可知,导线C中的电流I_1在导线D的位置的磁场方向为垂直于纸面向里,用×号表示。据左手定则知,电流I_1的磁场给予电流I_2的导线D的力$\textbf{\textit{F}}_{12}$的方向向左。同理,电流I_1的导线C在电流I_2的磁场中所受到的力$\textbf{\textit{F}}_{21}$方向向右,即$\textbf{\textit{F}}_{12}$和$\textbf{\textit{F}}_{21}$反向相对。由此得出,平行同方向的两个电流间的相互作用力为吸引力。

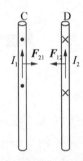
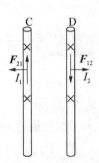

图1-118 用右手定则和左手定则判断同向通电导线中的电流方向和受力方向

图1-119 用右手定则和左手定则判断反向通电导线中的电流方向和受力方向

而当两根导线里的电流方向相反时,如图1-119,根据右手定则和左手定则,可以判断出I_1的磁场给电流I_2的作用力$\textbf{\textit{F}}_{12}$与电流I_2给电流I_1的作用力$\textbf{\textit{F}}_{21}$方向反向相背,这说明两根电流反向的平行导线相斥。

安培是国际制(SI)中电流强度的单位,它是1946年按如下方式定义的(见图1-120):

载有等量电流,相距1 m($a=1$ m)的两根无限长平行直导线(实际实验中,如果每根导线的横截面积与长度相比小很多,就可以认为导线是无限长的),每米长度上的相互作用力(导线1对导线2的作用力$\textbf{\textit{F}}_{12}$等于导线2对导线1的作用力$\textbf{\textit{F}}_{21}$)为2×10^{-7} N时,每根导线中的电流强度就为1 A($I=I_1=I_2=1$ A)。

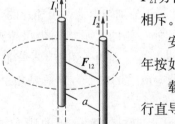

图1-120 电流强度"安培"定义示意图

这个单位是按照法国物理学家和数学家安培（Ander Marie Ampere, 1775. 1. 20—1836. 6. 10）的名字命名的。因此，安培被视为电动力学的奠基人。他进一步的实验，可追溯到原子环形电流的磁性（见实验 35，单磁极不独在），麦克斯韦（Maxwell）方程组中有一个方程称作"安培环流定理"就是以他的名字命名的。

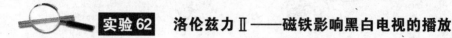

实验 62　　洛伦兹力 Ⅱ——磁铁影响黑白电视的播放

材料：老的黑白电视，磁铁

拿着一个磁铁靠近一个正在播放的黑白电视机（注意！对于彩色电视机，这样做会损坏色彩的质量），观察磁铁附近图像的变化。你会发现，电视的图像被扭曲。如果想看到效果，必须用一个磁性很强的磁铁。

电视图像是这样形成的：在真空管的末端，电子通过设置的电压被加速，撞击到屏幕上产生一个亮点。运动的电子流就相当于导线中的电流，载流导线在磁场中要受力而运动（见实验 60，洛伦兹力 Ⅰ），于是有屏幕外的磁场使运动中的电子偏移，使正常的图像扭曲。当磁铁挪开，图像就不再扭曲而恢复原样。

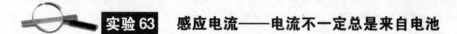

实验 63　　感应电流——电流不一定总是来自电池

材料：金属线，小灯泡，马蹄形磁铁

做一件从长远看值得的工作：用细的绝缘金属线绕一个有 1 000 匝的线圈，比如，在硬纸筒上绕。像在手电筒中的应用一样，把线圈与一个小灯泡相连。取一个强磁性的马蹄形或条形磁铁，挪动线圈使其围绕磁铁的一极，再把磁铁（尽可能）快速往外抽。或者反过来：把线圈快速拉走。如果磁铁磁性足够强，两种情况下，你都会看到小灯泡亮一下。这个原理的另一个应用，可以在自行车的发电机中发现。找一个老的、报废的发电机来研究它。

重复上面的实验，如图 1 - 121 所示，借助于指南针证实电流的通量。与实验 48（电流的磁效应）中通电导线对指南针的影响相比较可知，虽然没有电池，但是线圈仍有电流流过，这个电流来自闭合线圈中磁通量的变化。还可以用其他磁铁来做实验。另外，当线圈切割磁感线时，也会使闭合线圈中产生电流，如图 1 - 122 所示。

改变一个线圈中的磁场，就会产生一个电压，即所谓的感应电压。更一般的表述是：改变一个闭合导体线圈中的磁通（$\boldsymbol{B} \cdot \boldsymbol{A}$）（磁通的定义是：磁感应强度矢量 $\boldsymbol{B}$ 在闭合回路的面积法线上的投影乘以闭合回路面积的大小 A。），会有一个电压感应出来。这些物理内容是通过麦克斯韦（Maxwell）方程来描述的。

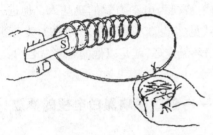

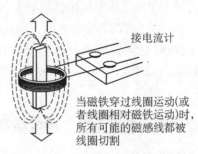

接电流计

当磁铁穿过线圈运动(或者线圈相对磁铁运动)时，所有可能的磁感线都被线圈切割

图 1-121 当磁铁快速进入闭合线圈时，指南针的摆动说明线圈中有感应电流的磁场

图 1-122 当线圈切割磁感线时，使闭合线圈中磁通发生改变，会有感应电流产生

实验64　旋转运动的制动——金属中涡流的电磁阻尼

材料:铜片,磁铁,线

取一片大约 5 cm×5 cm 大、几毫米厚的,由紫铜、黄铜或铝材料做成的金属片。用一根线拴住它,使片能够摆动。请注意,金属片应该沿它的边摆动。如果金属片被吊斜了,出现了滚动,则实验效果就会大打折扣。

先让金属片在线的末端自由摆动,观察在多少次摆动以后,摆动的振幅(摆的最大偏移)下降到最开始摆动时的 $\frac{1}{10}$。

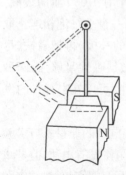

图 1-123 旋转的铜摆

现在让金属片在马蹄形磁铁的两个极之间摆动,如图 1-123,观察磁铁的影响。你会发现,从摆动开始到相对停止的时间,比没有磁铁影响时要短很多。也就是说,磁铁帮助摆更快地制动。

旋转运动被制动背后的一般原理,叫做楞次(Lenz)定律。它指出,感应电流的通量总是抵抗使它出现的原因。

一旦摆的运动受到磁场的影响,由于穿过运动导体的磁通量发生变化,铜片内将产生感应电流。这种电流的流动线呈闭合的涡旋状,被称作"涡流"。根据楞次定律,感应电流的效果,总是反抗引起感应电流的原因。因此,铜片摆锤的摆动便受到阻力而迅速停止。

具体而言,近似地认为外部磁铁的、两磁极间的磁场集中于一个如图 1-124(a)虚线围成的一个矩形区域内。"×"表示磁场方向垂直纸面向里。

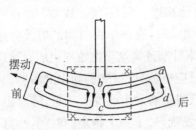
（a）摆动的摆在磁场中形成涡流的受力分析

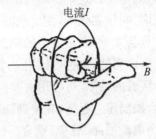
电流I
B
（b）载流线圈轴线上磁场的右手定则

图 1 - 124

由于摆动，摆锤的前半部分磁通减小，涡流的磁场应与磁铁的磁场同方向，根据如图 1 - 124(b)的载流线圈轴线上磁场的右手定则，知道了涡流应有的磁场方向 **B** 与外部磁场同向，就可以判断闭合涡流的电流方向，应为如图 1 - 124 左边所示的两个闭合涡流圈。摆锤的后半部分磁通增大，闭合的涡流的磁场应与磁铁的磁场反方向。根据右手定则，应为如图 1 - 124 右边所示的两个闭合涡流圈。

以图 1 - 124 右边涡流线 abcd 为例分析受力情况。其中 ab 边和 cd 边受力可用左手定则（见实验 60，洛伦兹力 I ）判断为上下方向，对摆锤的摆动没有直接影响。另外，ad 边尚未进入磁场，受力可以忽略不计。而根据左手定则知，bc 边受力方向向右，与向左的摆动方向相反，为摆动的阻力。同理，在左边涡流圈中，紧挨 bc 边，与 bc 边平行且电流方向与 bc 边同方向的各边所受的力也是阻力。这种摆锤中的阻止摆锤继续摆动的阻力，称为电磁阻尼。

电磁阻尼常用于电学测量仪表，有了电磁阻尼器，可以使仪表指针迅速稳定下来，方便读取数据（见图 1 - 125）。电磁阻尼还常用于电气机车的电磁制动装置之中。

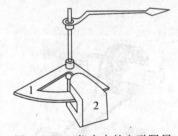

图 1 - 125　仪表中的电磁阻尼器（其中 1 是铝片，2 是永磁铁。铝片随指针摆动，它所受的电磁阻尼可以使指针很快地稳定在应指的位置。）

 实验65　变压器——电磁感应改变电压

材料：钉子，灯泡或者指南针，金属线，干电池

如图 1 - 126，给一颗钉子缠绕上约 50 匝、漆包绝缘的金属线，让线留点余地,以便接通电路。这个线圈与电池相连,叫作原线圈。再在钉子的另一端绕上第二个线圈,叫作副线圈,使此线圈与灯泡相连。现在,把原线圈与电池连接,观察灯泡。你会发觉,通过所谓的第二个副线圈,有一个短时间的电流流过,使灯泡亮了一下。当然,你也可以用一个指南针来证实这个电流磁通的磁效应。

这个实验的结果,可以用实验63(感应电流)所得到的知识来解释。在原线圈中,一个磁场建立起来,它使副线圈中的磁通发生改变。于是,感应出一个电压,使两个电流回路"感应"耦合。你会发现,过了一个特定的时间,小灯泡不再发光或者指南针的指针又会回到它的原始位置,这意味着副线圈中不再有电流流过。这是因为,只有当通量随时间变化时,才有电压被感应出来,当原线圈里的磁场建立起来以后,通量就不再变化了,感应电流就不复存在。

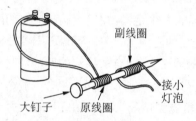

图1-126 感应电流会使小灯泡亮一下

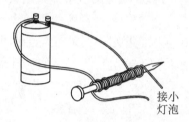

图1-127 原副线圈重叠放置,感
应效果更好

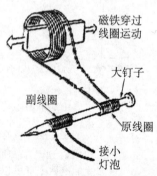

图1-128 利用磁铁和闭合线
圈,在原线圈中感应
出电流,也可以使小
灯泡发亮

也可以用以下方式改变这个实验:把副线圈直接绕在原线圈之上。这样,可以实现更好的耦合(见图1-127)。

也可以再用一个线圈和一个磁铁使原线圈里感应出电流来,如图1-128所示。

因为感应总是由于磁通随时间改变而实现的,所以变压器必须用交流电驱动。人们已经证实,副线圈中感应的电压取决于原线圈和副线圈的匝数比。这就使电压可以向高压或者低压变换。比如,对所有的电动玩具,变压器都是把电压从220 V下降到10～20 V——对人而言的安全电压。

第二部分 电子学

图 2-1

　　本部分所介绍的实验，不仅有定性的、也有定量的。在开始本部分实验之前，先介绍一下经常要用到的小灯泡灯座的简易制作方法。

　　准备一个木质的衣服夹子、一个图钉和一段漆包绝缘金属导线。剥去金属导线上约 4 cm 长的绝缘材料，并把它缠绕在小灯泡的螺纹上。把小灯泡的螺纹紧紧地夹在衣服夹子中，在衣服夹的木质上用图钉固定住金属导线，让衣服夹置于图钉之上，以便使小灯泡的脚与图钉相接触。这样，一个小灯泡灯座就做好了，如图 2-1 所示。

一、电阻的基本电路

 **实验1** **电阻——最简单的电流回路**

材料:不同的电阻,带有灯座的小灯

连接如图2-2所示的线路:

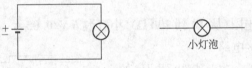

图2-2

这是一个简单的电流回路。小灯泡只有在回路真正闭合时,才会发光。

现在加进一个电阻,如图2-3所示。

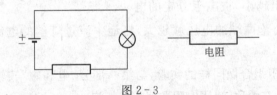

图2-3

取不同的电阻(对于一个6 V/0.05 A的小灯泡,电阻可以从0到200 Ω),尝试识别小灯泡亮度与电阻大小的关系(将第一部分电和磁实验47,一个亮度调节器和本部分实验4,欧姆定律相比较)。

剥去一根导线两端的绝缘皮,用它来连接电阻的两端,如图2-4所示。观察小灯泡亮度变化。你会发现,灯泡亮度大增。因为电源电压全都加在灯泡两端,使流过灯泡的电流增大,亮度自然也加大。

也可以做如图 2-5 所示的实验：

图 2-4　　　　　　　　　图 2-5

灯泡会发生什么情况？这里出现了短路(见第二部分电和磁,实验 41,短路)。

你会发现,灯泡的电流都让电阻极小的导线分走了,灯泡不亮,导线的接头处(图 2-5 的箭头处)却热得发烫。这种短路情况对电池损伤极大,不应维持太久,很快就应该把短路导线断开。

 实验2　电阻的串联电路——用实验检验定量公式

材料：不同的电阻(从 10 到 200 Ω),小灯泡 6 V/0.05 A

按图 2-6 连接电路：

用一根导线第一次连接电阻 R_1 的两端,第二次又连接电阻 R_2 的两端,注意灯泡的亮度。你会发现,串联闭合回路上的电阻越小,灯泡越亮。因为电阻串联电路中,电阻越小,被电阻分走的电

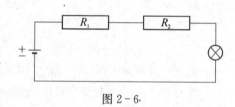

图 2-6

压就越少,留给灯泡两端的电压就越大,灯泡中流过灯丝的电流就越大,灯泡就越亮。

用不同的电阻组合做同样的实验,与第一部分"电和磁"实验 40(一条街的照明)中图 1-69 右图比较；用电阻取代多个灯泡。

用三个电阻串联的电路做同样的实验,以检测你从以上实验得出的结论。

如果你有多种检测仪器,就能直接测量串联电路中的电阻。把测量结果与如下的定量公式进行比较：

$$R_{总} = R_1 + R_2 + \cdots + R_n$$

看看你实验的精确度如何。

 **实验3** **二极管、发光二极管——连接的方向决定电流的通断**

材料:小灯泡:6 V/0.05 A,二极管 1N4148,发光二极管

一个二极管在电路中的表达如下:

相应的发光二极管的符号为(人们也用缩写 LED(德文:LEuchtDiode)来表示发光二极管):

按图 2-7 连接电路:

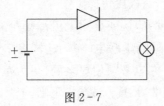

图 2-7

现在你把二极管反方向接进电路。注意小灯泡,你发现了什么?

你会发现,二极管只让电流向一个方向流动,在相反的方向上电流被切断。对于发光二极管也是如此。因此,怎样在电路中加入二极管是一件重要的事情。

在图 2-8 所示的电路中,接入一个发光二极管,则二极管会发光。

你也可以把发光二极管反过来接,则它不再发光。注意二极管和发光二极管的电流通路的表达是三角尖指示电流方向:从高电位到低点位。或者说,三角尖的尖端接电池负极,三角形的底边接电池正极,如图 2-8 所示。

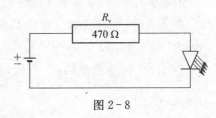

图 2-8

重要提示:没有前置电阻(如图 2-8 的 470 Ω 的电阻)时,发光二极管会被烧毁掉。

在图 2-8 中，发光二极管相当于电路中的小灯泡。为了避免总是要试哪个方向发光二极管导电，也为了前置电阻不被忘记，可以把发光二极管与电阻综合在一起，做成一个元件单元，如图 2-9。剪一段 4 cm×4 cm 大的纸板，用圆规沿一条直线

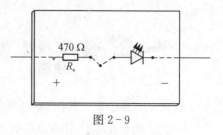

图 2-9

在纸板上戳 4 个孔，以便把发光二极管和前置电阻的导线插进纸板。

现在把发光二极管和电阻连接起来，用透明胶带将其连接固定好。当然，最好是把接头焊接好，这样可以避免接触不良。

试一试，在哪个极性的连接下，发光二极管会发光？在纸板上用正号和负号写下相应的极性。

在实验中，如果发光二极管发光，说明电池正极所接的二极管接线端应该是二极管的三角形底边，而电池负极所接的二极管接线端应该是二极管的三角形角尖。也就是说，二极管正负极性的表达为：三角形的角尖是负极，底边是正极。在电路连接中，正极接正极，负极接负极。

发光二极管不仅仅能发光，还能显示电流沿哪个方向流动。用发光二极管代替小灯泡重复实验 2（电阻的串联电路）。这样有一个优点，使电阻能在一个更大的范围内变动。当然，你也必须用更多的、更大范围内变化的电阻，才能看到不同的亮度（约 100 Ω 到 22 kΩ）。试验一下吧。

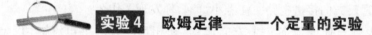

实验4　欧姆定律——一个定量的实验

材料：电池，电流计，不同的电阻

从实验 1 到实验 3 中可以看到，电阻越大，小灯泡或者发光二极管发光越弱。如果有测量仪器，就可以检测由德国物理学家约翰·西蒙·欧姆（Georg Simon Ohm, 1787.3.6.—1854.7.7）发现的定律。

按图 2-10 连接电路：

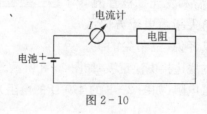

图 2-10

改变电阻,用电流计测量相应的电流强度,并且在一张表格中记下相应的数值。作一个图,画出测量的电流强度 I 与电阻 R 的关系;另作一个图,画出电流强度 I 与电阻倒数 $\frac{1}{R}$ 的关系。选择电阻的大小取决于测量仪器的量程。

借助于实验2(电阻的串联电路)的结果,只要在电路中串联更多的电阻,你就可以得到许多个测量点。

图 2-11 是一个测量系列的例子。

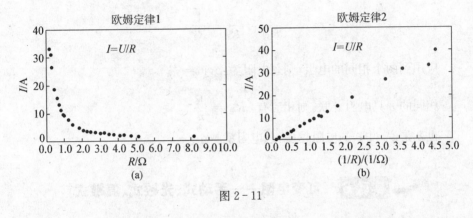

图 2-11

图 2-11(b)的直线说明,电流 I 和电阻的倒数 $1/R$ 呈线性关系,比例系数是电压 U,公式 $I = U/R$ 就是通常欧姆定律的表达 $U = I \times R$。

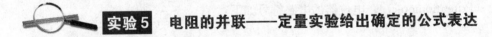

实验5 **电阻的并联——定量实验给出确定的公式表达**

材料:灯泡或者发光二极管(LED),电阻
按图 2-12 连接电路:

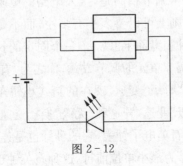

图 2-12

当把回路中的电阻接通时,注意灯(或发光二极管)的亮度。可以应用如下的电阻值:

小灯泡:R 取 $50\sim200$ Ω;LED:R 取 $1\sim10$ kΩ。

也可以并联接通三个或者四个电阻,见第一部分(电和磁)的实验 39(电池和灯泡的串联和并联),用电阻代替灯泡,连接并联电路。

定量实验:

如果有测量仪器,可以测量两个并联电阻的总电阻,与下面结果相比较:

$$\frac{1}{R_{总}} = \frac{1}{R_1} + \frac{1}{R_2}$$

应用到两个相同的电阻,则总电阻为:$R_{总} = \dfrac{R}{2}$

相同的 n 只电阻并联,则相应有:$R_{总} = \dfrac{R}{n}$

也就是说,并联的电阻越多,总电阻就越小。

 实验6　可变电阻——手动式、光敏式、温敏式

材料:电位器,光敏电阻(LDR),热敏电阻(NTC 或者 PTC)

(见第一部分电和磁实验 47(一个亮度调节器))

(1) 一个电位器是一个可无级调节的电阻[经常缩写为:Poti 德文"电位器"(Potentiometer)]。电位器的电路符号如下:

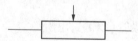

这里所谓的"无级"可调节指的是,接入电路的电阻值可以连续变化。因为上图箭头滑动的距离原则上可以要多小有多小,而不是像比如旧式的齿轮钟表那样,即使是秒针也是钟表盘面上"跳动"一个固定的长度代表一秒钟。通常具有固定的、有限的最小调节单元的调节方式,称之为"有级"调节。旧式小轿车上的换挡装置是齿轮型的"有级"变速,现在的新式小轿车上的换挡装置已改为速度可以连续变化的"无级"变速,开这种"无级"换挡变速的车,比"有级"的齿轮换挡更容易操作。新式的石英电子钟表,它的秒针也是连续扫过钟表盘面的扇面,而不再是跳动着,以一秒为最小单位前行,这种石英钟也是"无级"调时的。

按图 2-13 连接电路:

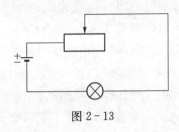

图 2 - 13

如果应用白炽灯,电位器应该有约 200 Ω 的最大电阻。假如用发光二极管代替小灯泡,可以用最大 1.5 kΩ 的电位器。在发光二极管的情况下,必须注意电池极性的连接,而且在任何情况下都必须加入一个 470 Ω 的前置电阻。见实验 3(二极管、发光二极管)图 2 - 9。

现在,可以转动电位器并注意灯泡或者发光二极管的亮度。你会发现接入电路的电阻越小灯泡越亮(见本书第一部分电和磁,实验 47,亮度调节器)。因为接入电阻越小,分到灯泡上的电压就越大,流过灯泡的电路电流也越大,因而灯泡越亮,见实验 2(电阻的串联电路)。

(2) 以上电位器的电阻是通过手动旋转来调节的。还有一种感光电阻,被称为"光敏电阻"或者缩写为 LDR(英文:light dependent resistor)。光敏电阻的电路符号为:

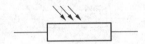

按图 2 - 14 连接电路:

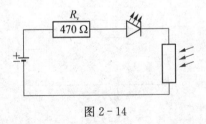

图 2 - 14

发光二极管和前置电阻(R_v)与光敏电阻(LDR)串联接通。

用手挡住 LDR(光敏电阻),观察发光二极管的亮度。你会发现发光二极管不发光,说明对于光敏电阻而言,没有光线照亮,电阻极大,相当于断路。

把手拿开,有光照到光敏电阻之上,发光二极管会发亮,说明整个回路接通,即光敏电阻有光照亮,电阻很小,能够接通电路。

尝试慢慢地一点点地遮住 LDR。你会发现,发光二极管的光亮也一点点地减弱到熄灭。说明因为光敏电阻由小变大,闭合回路的电路由通到断。

也可以把整个房间都遮暗,用一个手电筒来照亮光敏电阻 LDR,光路通则光敏电阻通。控制手电筒的开关来中断光路,光路断则光敏电阻断,因而闭合电路断开。

这个实验可以帮助我们认识电梯中应用的、光敏式控制电梯门开关的基本原理:开着的电梯门,有人进出电梯时,挡住了门口侧面光敏电阻或者是放在电梯地面和楼层地面缝隙之间的光敏电阻的光亮,控制电梯的电路是断开的,整个电流的闭合回路也是断开的,电梯不动,门保持常开状态,乘电梯的人是安全的。当人进出电梯,照亮光敏电阻的光路不再被阻断,闭合电路的电流回路接通,电梯门关上,电流驱动电动机运转、拉动缆绳,电梯根据控制信号自如上下。

(3)与光敏电阻(LDR)类似的还有电阻值取决于温度变化的热敏电阻。这里要区别两种类型:

① 电阻值随着加热而减少的电阻。缩写为 NTC(英文:negative temperature coefficient,负的温度系数);

② 电阻值随着加热而增加的电阻。缩写为 PTC(英文:positive temperature coefficient,正的温度系数)。

热敏电阻的电路符号如下:

按图 2-15 连接电路:

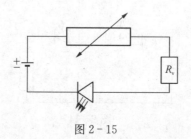

图 2-15

先把 NTC 放在冷柜里,再把它添加在电路中。用手指捏住 NTC 给它加热,观察有什么变化。对 PTC 做同样的事情。如果这样操作不足以观察温度产生的区别,可以用冰水或者热水对电阻隔水加温或减温来做实验。

这种电阻的用处在于,使人可以按照对温度的选择来对电流进行调节(例如:暖气、空调冷库等)。

 **实验7** **"点燃"灯泡——光敏电阻的妙用**

材料:纸板,纸板盒,木头,黏胶带,电池,LDR(光敏电阻),白炽小灯泡

首先,必须建一个"挂架":把电池放进盒子里,在盒子中间开一个光敏电阻(LDR)大小的洞,把 LDR 放在电池之上,正好在洞口之下。现在,用纸板弯一个稳定直角,以使两根导线可以安置其上。把两根导线接在小灯泡上(焊上或者绕上并粘牢),把光敏电阻与小灯泡串

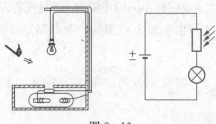

图 2-16

联,再与电池串联形成完整的回路。把纸板直角固定在纸板盒上,将白炽灯吊在洞口上方。如图 2-16 所示。

把房间遮暗,点燃一根火柴。将点燃的火柴伸向白炽灯下方,好像要把灯泡点燃一样。你会发现,小灯泡被火柴"点燃了",开始发光;然后把火柴吹灭,小灯泡不再发光,好像小灯泡被吹灭了似的。

解释观察到的效果:很显然,火柴的光亮使光敏电阻减小,接通闭合电流回路,使灯泡发光。火柴熄灭,光敏电阻值大增,电流回路被切断,灯泡里的灯丝没有电流通过,灯泡不能发光而熄灭。

 **实验8** **电流方向指示器——两个发光二极管的协作显神通**

材料:两个发光二极管

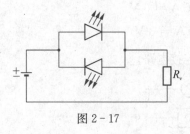

图 2-17

用两个发光二极管可以构造一个仪器,它不仅能显示是否有电流流过,而且还能给出电流流动的方向。连接电路如图 2-17 所示。

交换电池正负极,观察会发生什么?从逻辑上说,亮的就会是另外一个发光二极管(见实验3二极管、发光二极管)。取一块类似于在实验3图 2-9 中用的薄纸板,用于本实验的两个发光二极管,同样要添加前置电阻 R_v。最好是采用两个不同颜色的发光二极管,在纸板上标记出流过的电流方向。这样的建造元件可以像小灯泡一样应用,然而,它更

灵敏,而且还可以指示电流的方向。在后面的实验中,它被描述为"双二极管"。

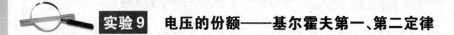

实验9 电压的份额——基尔霍夫第一、第二定律

材料:不同的电阻,小灯泡或者发光二极管

由实验2(电阻的串联电路)中,已得到如下有效公式:

$$R_总 = R_1 + R_2 + \cdots + R_n$$

实验4(欧姆定律)中已得到如下的公式

$$U = R \times I$$

探究图2-18所示电路:

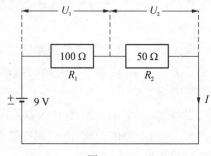

图2-18

这里有:$R_总 = R_1 + R_2 = 100 + 50 = 150\ \Omega$

电流:$I = U/R_总 = 9\ \text{V}/150\ \Omega = 0.06\ \text{A}$

即流经每个电阻的电流为0.06 A。对单个电阻应用欧姆定律,得出第一个和第二个电阻上的电压降分别为:

$$U_1 = R_1 \times I = 100\ \Omega \times 0.06\ \text{A} = 6\ \text{V}$$
$$U_2 = R_2 \times I = 50\ \Omega \times 0.06\ \text{A} = 3\ \text{V}$$

用小灯泡定性地检测这个结果,按图2-19连接电路。

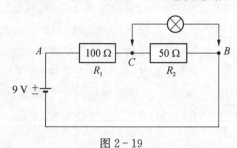

图2-19

把小灯泡的一个接头 C 点固定,再与 $R_1 = 100\ \Omega$ 的电阻(在 A 点)并联,或把小灯泡与 $R_2 = 50\ \Omega$ 的电阻(在 B 点)并联,比较两种情况下小灯泡的亮度。你会发现,小灯泡并联在 A 点时变得更亮,这是因为灯泡两端的电压更大。

如果有测量仪器,你可以直接测量 A 点与 C 点之间和 B 点与 C 点之间的电压。你会发现,AC 间的电压 U_1 大于 BC 间的电压 U_2。

根据欧姆定律,在电阻串联的闭合回路中,流过每个电阻的电流大小是相等的,电阻大的路段电压降就大,电阻小的路段电压降就小。

两个电压降之和为:

$$U_1 + U_2 = 6\ \text{V} + 3\ \text{V} = 9\ \text{V} = U$$

也就是说,单个电压降相加得到总的电压降。

这个结论也可以其他的方式来验证:用小灯泡,或者用一个测量仪器定量检测所得的结果。

一般地,这个结论由基尔霍夫(Kirchhoff)第二定律来描述:

"在一个回路中,所有电压之和等于零。"

在图 2-20 所示回路中沿顺时针方向走一圈,把落在电阻上的电压算作正的(沿着电流的方向),而把电压源上的电压(负极→正极)算作负的,可以得到:

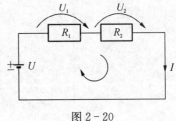

图 2-20

$$U_1 + U_2 - U = 0 \Rightarrow U_1 + U_2 = U$$

这个定理可以用来计算复杂的电路。只需要把总体网路分解成单个回路,确定电流的方向,则每一个回路都有:

$$U_1 + U_2 + \cdots + U_n = 0$$

用发光二极管代替小灯泡做以上实验,能得到同样结论。实验中,特别注意电流的方向。

为了分析网络电路,还需要另外一个定律,即基尔霍夫第一定律:

"在每一个结点上,流向结点的电流之和等于流出结点的电流之和。"

例:如图 2-21 所示电路中,$U = 9\ \text{V}$,$R_1 = 100\ \Omega$,$R_2 = 50\ \Omega$。

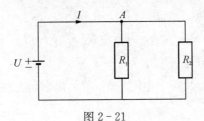

图 2-21

由并联电路电阻公式：$\dfrac{1}{R_总} = \dfrac{1}{R_1} + \dfrac{1}{R_2} = (0.01 + 0.02)\Omega^{-1}$，得到：$R_总 = 33.3\ \Omega$。

根据欧姆定律可得：$I = \dfrac{U}{R_总} = \dfrac{9\ \text{V}}{33.3\ \Omega} = 0.27\ \text{A}$

再根据回路的欧姆定律，分路电流为：

$$I_1 = \dfrac{U}{R_1} = \dfrac{9\ \text{V}}{100\ \Omega} = 0.09\ \text{A}$$

$$I_2 = \dfrac{U}{R_2} = \dfrac{9\ \text{V}}{50\ \Omega} = 0.18\ \text{A}$$

把分路电流加在一起，再一次得到总电流：

$$I_1 + I_2 = 0.27\ \text{A} = I$$

下面我们来看复杂网路情形，如图 2 - 22 所示。

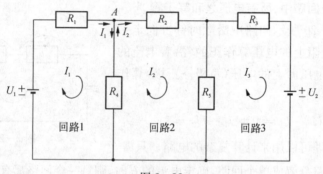

图 2 - 22

我们首先把网路划分成一个个的回路。然后，标出各个回路的电流，而且每个回路的电流方向必须保持不变（见图 2 - 22）。则此复杂网路电流自动满足基尔霍夫第一定律的节点定律：

$$I_1 + I_2 = I_1 + I_2\ (\text{节点}\ A)$$

借助于回路定律（基尔霍夫第二定律），可以进一步分析：

回路 1：$R_1 \times I_1 + R_4 \times (I_1 - I_2) - U_1 = 0$

回路 2：$R_2 \times I_2 + R_5 \times (I_2 - I_3) + R_4 \times (I_2 - I_1) = 0$

回路 3：$R_3 \times I_3 + U_2 + R_5 \times (I_3 - I_2)$

如果给出 U_1 和 U_2 及各个电阻的值，就可以求解上述方程组。

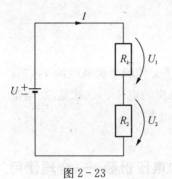

图 2-23

一个重要的基础电路是电压分摊电路,本实验开始的图 2-18 就提到,如图 2-23 所示。

这里有:$I = \dfrac{U}{R} = \dfrac{U}{R_1 + R_2}$ 和 $U = U_1 + U_2$ 而

$$U_1 = R_1 \times I$$
$$U_2 = R_2 \times I$$

这是一种没有负载的电压分摊,有:

$$U_2 = R_2 \times I = R_2 \times \frac{U}{R_1 + R_2} = U \times \frac{R_2}{R_1 + R_2}$$

通过对 R_1 和 R_2 的合适选择,使电压 U 分摊成 U_1 和 U_2。

如果把一个电阻 R_L 与 R_2 并联接通,则情况会发生变化:

图 2-24 中 R_1 和 R_2 之间的节点有:

$I_0 = I_2 + I_A$

图 2-24 中左边大回路有:$U_0 = U_1 + U_A$

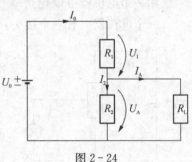

图 2-24

$$U_A = U_0 - U_1 = U_0 - I_0 \times R_1$$
$$= U_0 - (I_2 + I_A) \times R_1$$

用 $I_2 = \dfrac{U_A}{R_2}$ 代入有:

$$U_A = U_0 - R_1 \times \frac{U_A}{R_2} - I_A \times R_1$$

$$U_A\left(1 + \frac{R_1}{R_2}\right) = U_0 - I_A \times R_1$$

$$U_A = U_0 \times \frac{R_2}{R_1 + R_2} - I_A \times \frac{R_1 \times R_2}{R_1 + R_2}$$

也就是说,分路上的电压 U_A 依赖于分路上的电流 I_A。如果让 $I_A = 0$,就得到前面所说的没有负载的分电压。

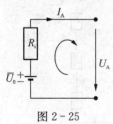

图 2-25

实际生活中,人们常用带有电压份额较大的电压分路作为电压源应用,其电路如图 2-25 所示。

人们知道,电源电压有一个内部电阻 R_i,比如 R_i 的大小为 R_1 和 R_2 并联后的总电阻(参考图 2-21),即:

$$R_i = \left(\frac{1}{\dfrac{1}{R_1} + \dfrac{1}{R_2}}\right) = \frac{R_1 \times R_2}{R_1 + R_2}$$

由图 2-25 可得：

$$U_A = \overline{U}_0 - R_i \times I_A$$

则：电压源在负载下屈服，因为电源提供的电压 U_A 依赖于负载电流 I_A。在电池里也是这种情况。电池提供一个依赖于出口电流的电压。也就是说，电池有内电阻。

 **实验 10** **一个稳定的、可调节的电压份额——合理使用电位器**

材料：电位器(0 到 200 Ω)，小灯泡

用一个电位器可以建立一个稳定的、可调节的电压份额。

一个电位器上有三个接头：两个外面接头之间的电阻是一个常数值，它等于电位器的最大电阻值；中间的接头大多数是一个滑道触头，以便通过旋转销头，把总电阻按不同的部分来分摊。

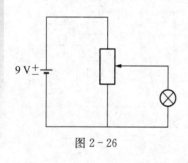

图 2-26

建立一个如图 2-26 所示的电路，旋转电位器，你会发现与实验 6(可变电阻)图 2-13 不同，这里与灯泡并联的电阻越大，灯泡和并联电阻的总电阻也越大，于是分到灯泡两端的电压也越大，流过灯泡的电流也越大，灯泡越亮。

用大点的电阻 R_v，重复做实验 8(电流方向指示器)，你会发现什么？事实上如图 2-17，电阻 R_v 越大通过发光二极管的电流越小，发光二极管发光亮度也越小。

参考实验 9(电压的份额)中图 2-24，用电阻值 $R_2 = 2R_1$ 和 $U_0 = 9$ V，采用小灯泡电阻 $R_L = 30$ Ω，如果流过小灯泡的电流至少在 30 mA，而发光刚刚可以辨认时，计算结果就给出最大的电阻值 R_1。

电压不仅可以分成两份，也可以分成更多的份数。你可以使用双发光二极管，作为花样变换。实验中，可把双发光二极管分别连在 A、B 和 C 点(其中 R_v 为发光二极管的前置电阻)，如图 2-27 所示。

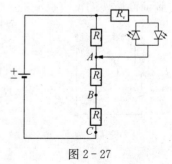

图 2-27

观察发光二极管的发光亮度如何变化。可以发现，随着加载在发光二极管上电压的增高，发光强度会变得越来越大。即接在 A、B、C 各点的亮度是亮、更亮、最亮。与图 2-26 中与灯泡并联的电位器的电阻越大灯泡亮度也越大的道理完全相同。

实验 11　惠斯登电桥——测定未知电阻或者校正电位器

材料：电阻，电位器，双发光二极管

惠斯登（Wheatsone）电桥研究的是在两个分开的、有电流流过的导体上两点间的电压，原理如图 2-28 所示。

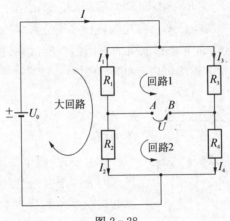

图 2-28

由基尔霍夫第二定律有：

（R_1、U 和 R_3 组成的）回路 1：$R_1 \times I_1 + U - R_3 \times I_3 = 0$　　　　　　(1)

（R_2、R_4 和 U 组成的）回路 2：$R_2 \times I_2 - R_4 \times I_4 - U = 0$　　　　　　(2)

在点 A 和 B 断开的情况下有：

$$I_1 = I_2 \text{ 和 } I_3 = I_4 \tag{3}$$

于是由(1)式有：

$$R_1 \times I_1 + U - R_3 \times I_3 = 0 \text{ 得：} I_3 = \frac{R_1 \times I_1 + U}{R_3}$$

由(2)和(3)式有：$R_2 \times I_1 - R_4 \times I_3 - U = 0$ 得：$U = R_2 \times I_1 - R_4 \times I_3$

将 I_3 代入得到：$U = R_2 \times I_1 - R_4 \dfrac{R_1 \times I_1 + U}{R_3} = R_2 \times I_1 - \dfrac{R_4 R_1}{R_3} \times I_1 - \dfrac{R_4 U}{R_3}$

$\Rightarrow \left(1 + \dfrac{R_4}{R_3}\right) U = R_2 \times I_1 - \dfrac{R_4 R_1}{R_3} \times I_1 \Rightarrow \dfrac{R_3 + R_4}{R_3} U = \dfrac{R_2 R_3 - R_4 R_1}{R_3} \times I_1$

$$\Rightarrow U = \frac{R_2 \times R_3 - R_4 \times R_1}{R_3 + R_4} \times I_1$$

还可以通过所提供的电源电压 U_0 来表达 I_1：

$U_0 = (R_1 + R_2) \times I_1$（电源 U_0 以及电阻 R_1 和 R_2 共同组成的大回路）

于是得到：$I_1 = \dfrac{U_0}{R_1 + R_2}$ $\Rightarrow$

$$U = \frac{R_2 \times R_3 - R_4 \times R_1}{(R_3 + R_4) \times (R_1 + R_2)} \times U_0$$

如果 $R_2 \times R_3 - R_4 \times R_1 = 0$ 即 $R_1 \times R_4 = R_2 \times R_3$ 条件满足，则桥路电压 U 会消失，且不依赖于电源电压 U_0，称之为电桥平衡。如果有一个标准的电位器，即可用这样的电桥电路确定未知电阻的电阻值。反过来，也可以用这样的电路来校准一个电位器，具体做法可以看如下的实验。

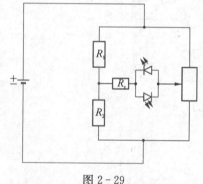

图 2 - 29

连接图 2 - 29 的电路，其中，电阻值 $R_1 = 100\ \Omega$，$R_2 = 220\ \Omega$，电位器的最大电阻值为 $500\ \Omega$。

你会发现，两个发光二极管中的一个发光。因为两个发光二极管的电流方向相反，那么转动电位器直到另外一个发光二极管发光，你就有了零位校正。用这种方式调节电桥，可以通过用一个没有前置电阻 R_v 的双二极管来把电桥的零点指示的灵敏度提高。不过，考虑到太高的电流强度会烧坏二极管，因此，应先用有前置电阻的双二极管进行调试，然后再换成没有前置电阻的双二极管。

此实验也可以用其他的电阻组合来进行。可先粗调电位器，对未知电阻有一个粗略的估计。

二、有电容器的电路

除了电阻,电容是最重要的电路组成元素。电容可以储存电荷(见第一部分电和磁实验14——来登瓶),在交流电中扮演着重要的角色。

根据所用材料的不同,电容分为:陶制的电容、薄膜式电容和电解质电容。

电容的电路符号为:

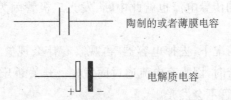

对于电解质电容,要注意极性,错误的连接会毁坏电容器。

就像可变电阻一样,也有可变电容:

 实验 12　**电容器的充电——用发光二极管指示其过程**

材料:电容器,发光二极管,干电池,电阻,闸刀式开关

简单的电容器由两块金属板或者金属薄膜组成,它们彼此绝缘,相对而立。两板之间的绝缘质(非导体)阻止电子从一个板到达另一个板,即没有直流电流通过电容器。然而,到达电容器一个板的电荷,可以通过极化使它对面的金属板带上异种电荷,达到储存电荷的目的。(见本书第一部分电和磁的实验12,感应起电机的最后一段。)一个电容器能储存一定量的电荷 Q,其多少取决于加在两板间的电压 U。$C = Q/U$ 的大小(即单位电压所储存的电量的多少)称为电容器

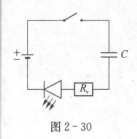

图2-30

的电容,它是电容器储存电量能力的量度。

连接如图2-30所示的电路,所用电容器的电容从10到50 μF(μF=微法拉,电容的单位)。

仔细观察,当把开关合上,你会看到什么?你会发现,刚合上开关,发光二极管会发亮,过一会儿,发光二极管不再发亮。说明电容器充电已经结束,不再有电流流过发光二极管。为什么?

实际上,当电容器与直流电源连接以后,电容器的两板之间因为极化会出现束缚电荷流。另外,虽然过程很快,但充电时电容器两板上的电荷是逐渐增加的,电容器两板间的电场也是逐渐增强的,而变化的电场会激发所谓"位移电流",正是束缚电荷流和位移电流一起,一方面使电容器充电,另一方面也使如图2-30电路中电容器之外的、同样由电池提供的传导电流得以连续流动,直到电容器充电完毕。这时电容器内的电场不再增强,束缚电荷流也不复存在,于是电路中电容器以外的传导电流也就此中断,发光二极管因为流过的电流中断而光亮熄灭。

在开关开启的情况下,去掉电容器,再观察有什么现象?没有了电容器,发光二极管在开关闭合时,因为有电流通过而发光。开关断开时,因为没有电流通过发光二极管,二极管不会发光。

变换电容器的容量 C,再进行比较。你会发现,电容器容量 C 大充电时间长,容量 C 小充电时间短。

 实验13 电容器的充放电 I ——发光二极管显示电流方向

材料:电容器,两个发光二极管,两个开关,两个电阻,干电池

连接如图2-31所示的电路。

先闭合开关①,发光二极管 A 会发光,直到充电完毕,充电电流不再流动,发光二极管 A 不再发光。快速切断开关①,闭合开关②,这时电容器会放电,发光二极管 B 会发光,直到放电完毕。当两个开关同时闭合,会有什么情况发生?你会发现,因为电容器一边在充电、一边在放电,两个二极管都会发光,直到电池消耗殆尽。

做如图2-32所示的实验:

先闭合开关①,电容器充完电以后,切断这个开关,闭合开关②。请观察,在

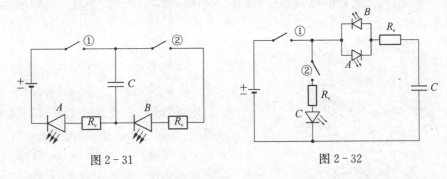

图 2-31　　　　　　　　　　　　图 2-32

充电或者放电时,双二极管中的哪个二极管发光?根据发光二极管的极性连接,可以判断,闭合开关①充电时,发光二极管 A 会发光。充完电后,切断开关①,闭合开关②放电时,发光二极管 B 和 C 会发光,直到放电完毕。

实验 14　**电容器的串联和并联——与电阻串并联的规律相反**

材料:电容器(约 500~2 000 μF),发光二极管

(1)串联电路:连接如图 2-33 所示的电路。

这里,R_v 为保护发光二极管免遭烧毁的前置电阻,右侧 J 处的标记表示一个接触开关:

接触开关

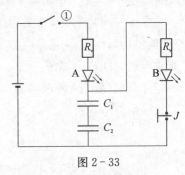

图 2-33

闭合开关①,直到发光二极管 A 发光后又不再发光。再切断开关①,压下接触开关。注意观察发光二极管 B 发光时间的长短,以确定放电的过程大约延续了多长时间?

重复上面的实验,去掉一个电容器比较充、放电的时间。你会发现,减少一个电容器,因为剩余电容器的电容量增大,而导致充放电时间延长。

串联电容会减小电容量,对 n 个电容器串联的总电容有:

$$\frac{1}{C_{\text{总}}} = \frac{1}{C_1} + \frac{1}{C_2} + \cdots + \frac{1}{C_n}$$

把这个结果与实验 2(电阻的串联电路)和实验 5(电阻的并联)相比较可知,

这个公式和电阻并联的总电阻公式相似。串联电容相当于把平板的间距拉大，导致了电容量的减小。

电容量的测量，大多是应用交流电流的特性来进行的。

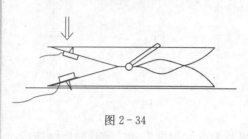

图 2-34

顺便介绍一下自制简易接触开关：用一个木制的洗衣夹子和两个图钉就可以制作。把洗衣夹平放在软木板上，如图 2-34 所示，在洗衣夹开口的末端压进两个图钉（两个图钉各自与导线连接），当把洗衣夹的两个开口端压在一起时，一个图钉的头与另一个图钉头相接触，电路就会闭合。这样，一个简易接触开关就做好了。

（2）并联电路：连接如图 2-35 所示电路。

闭合开关①，观察二极管 A 的发光时间，确定电容器的充电时间。断开开关①，压下接触开关，给电容器放电，观察二极管 B 的发光时间，确定电容器的放电时间。

拿走一个电容器，重复以上实验，比较充、放电的时间。因电容器的电容量减小，充放电的时间也会缩短。

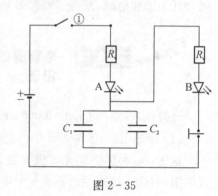

图 2-35

并联电容会提高电容量，对 n 个电容器并联的总电容有：

$$C_{总} = C_1 + C_2 + \cdots + C_n$$

理由是：电容器的并联使储电的平面加大，从而使电容器的容量加大。将此实验与实验 2（电阻的串联电路）和实验 5（电阻的并联）相比较，你会发现上式电容器并联求总电容的公式，与电阻串联求总电阻的公式类似。

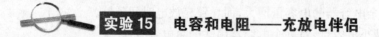

实验15　电容和电阻——充放电伴侣

材料：电容器（100 μF），电阻（100～5 000 Ω），发光二极管，接触开关，干电池，闸刀开关

把一个电容器与一个电阻串联，给电容器并联一个发光二极管，如图 2-36

所示。

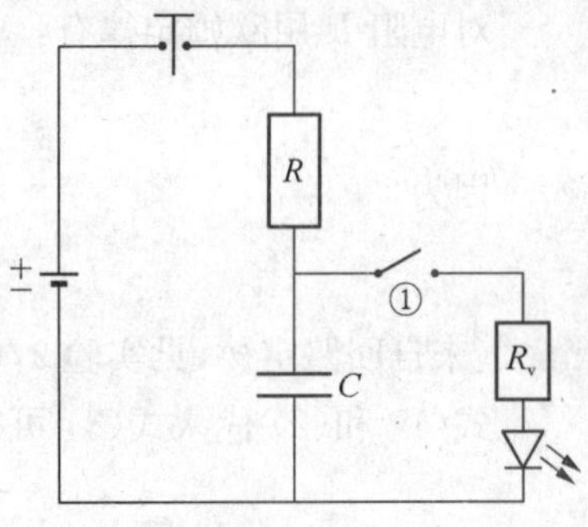

压下接触开关,观察发光二极管。这时电容处于充电阶段,发光二极管的电路因为开关①断开,与电源不相通,没有电流流过它,所以不会发光。当电容器充电完毕,接触开关断开、开关①闭合,电容器处于放电阶段,发光二极管有电流通过,会发光,一直到电容器放电完毕光才熄灭。

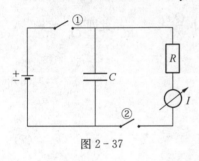

图 2-36

改变电阻 R,重复以上实验过程。电阻 R 增大,电源给电容器充电的电流减小,充电时间会延长。电阻 R 减小,电源给电容器充电的电流增大,充电时间会缩短。

实验 16　电容器的充放电 II——定量规律的认识

材料:电容器(约 15 000 μF),电阻(2 kΩ),电流测量仪,停表,干电池

图 2-37

应用电流测量仪,你就能对电容器的充、放电有定量、直观的理解。连接如图 2-37 所示的充放电电路。

合上开关①,一直等到电容器充完电。充电所必需的时间可以这样事先估计:把一个带有保护电阻 R_v 的发光二极管与电容器串联,接通开关,如实验 12(电容器的充电)图 2-30,二极管就能发光,一直到电容器充电结束,大约经过 30 s,发光二极管所发的光才会熄灭。记录下合上开关到发光二极管发光刚好熄灭的时间间隔,就是电容器确切的充电时间。

电容器充完电后,切断图 2-37 的开关①,合上开关②,以相等的时间间隔(约 3~5 s)读取电流强度计 I 的数字。(这里,如果有一个同伴播报时间,更好。)

以上两步实验的结果会是什么呢?电容器放电电流随时间是怎么变化的呢?为此观察图 2-38 所示电路。

在时间零点 $t_0 = 0$,也就是在开关②闭合时,电容器承载的电量为 Q_0。

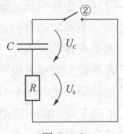

图 2-38

对电容器 C 有:$C \times U_c = Q$　即　$U_c = Q/C$　(1)

对电阻 R 用欧姆定律有：

$$U_0 = R \times I \tag{2}$$

因为

$$U_c + U_0 = 0 \tag{3}$$

（来自回路定律，见实验 9，电压的份额之基尔霍夫第二定律）

式（1）和（2）代入式（3）可得：

$$\frac{Q}{C} + R \times I = 0 \tag{4}$$

电流 I 是电量 Q 对时间 t 的微商：

$$I = \dot{Q} = \frac{\mathrm{d}Q(t)}{\mathrm{d}t} \tag{5}$$

（5）式代入（4）式得 $\dot{Q} + \dfrac{1}{RC}Q = 0$，此式即 $\dfrac{\mathrm{d}Q(t)}{Q(t)} = -\dfrac{\mathrm{d}t}{RC}$，等式两边积分得

$\ln Q(t) = -\dfrac{t}{RC} + \ln Q_0$，其中 $\ln Q_0$ 为积分常数，移项后得 $\ln Q(t) - \ln Q_0 = -\dfrac{t}{RC}$，

再根据两数的对数之差等于两数商的对数，于是有 $\ln \dfrac{Q(t)}{Q_0} = -\dfrac{t}{RC}$，此即 $\dfrac{Q(t)}{Q_0} = \mathrm{e}^{-t/RC}$，

也可以写成：

$$Q(t) = Q_0 \mathrm{e}^{-t/RC} \tag{6}$$

（6）式代入（5）式得到：

$$I(t) = -\frac{Q_0}{RC}\mathrm{e}^{-t/RC} = I_0 \mathrm{e}^{-t/RC} \tag{7}$$

（7）式即为在时间 t 时，电容器的放电电流。其中：$I_0 = -\dfrac{Q_0}{RC}$。这说明通过

图 2-37 和图 2-38 中 R 的放电电流的大小随时间呈指数减小，即电流大小随时间减小得很快。通过电容器的放电电流的方向与充电电流方向相反（负号）。

　　本实验的分析，是这本丛书中，唯一的一次用到最简单的微积分知识。用来说明电容器充电后，充当电源放电给电阻的放电电流衰减之快。由此也说明电容器的充电或放电过程中，导线内的电流随时间变化是一个明显的非稳恒过程。而前面从实验 2 到实验 11 的电阻的基本电路中，因为没有电容器，其导线中的电流是稳定的，不随时间变化，只与电路中的相对稳定的电压、电阻的大小有关，符合欧姆定律。

三、晶体管

美国人巴丁(John Bardeen)和布拉顿(Walt H. Brattain)在研究二极管- PN
-通道时,偶然引出了一个 PNP 的区域结果(见图 2 - 39 的右侧)。他们发现,一
个边界层里的电阻变化,改变了另一个边界层里的电阻。这个过程被称为"电阻
转移(transfer resistor)",从而产生了后来的名字"晶体管(transistor)"。1956
年,巴丁、布拉顿和肖克利(W. Schrockley)因为他们在晶体管方面的工作获得
了诺贝尔物理奖。晶体管是一个半导体的预制构件,它是电子学方面的"创造"。
在 1948 年前,没有一种预制构件像晶体管这样对社会做出如此根本的改变。没
有它,便携式收音机和计算机都不可想象。晶体管在电子学中主要作为开关和
放大器使用。

本部分实验会用到晶体管,其型号是:BC548。也有可能用到其他性能相近
的晶体管。第一个字母如果是 A,指的是半导体材料锗(Ge);如果是 B,表示晶
体管由硅组成;在第二个位置上的 C 意味着,晶体管应该在低频范围使用;如果
是 F,则表示是用于高频范围的。大功率晶体管的第二个字母是 D,跟在字母后
面的数字用于区分同种类型的个体晶体管。

图 2 - 39 为晶体管的符号表示。

晶体管精确的作用方式和基本的物理过程不在这里陈述,它们可以在许多
物理书中查到。

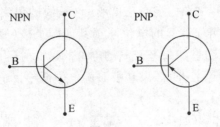

图 2 - 39

实验 17 晶体管允许电流通过的方向——三极管当作二极管应用

材料:晶体管(比如:BC548C),LED(发光二极管)或者小灯泡

如果你去专营商店买晶体管,要问一下,哪个接头是基极(B)、发射极(E)和集电极(C),把它们标记出来,就像实验3(二极管,发光二极管)中图2-9用纸板标记发光二极管一样。晶体管接头常常是半圆形的,中间的接头就是基极。

连接如图2-40所示的电路并闭合开关。你会观察到,发光二极管(LED)会发光。

然后交换极性,将发射极(E)与电池正极(+)相连,基极(B)与电池负极相连,重复以上的实验。结果发光二极管(LED)不再发光。

用基极B和集电极C重复以上实验,结果相同。

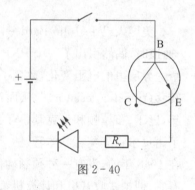

图 2-40

LED先前亮了一次,在电池极性调换后就不亮了。这说明,如果只有基极B和发射极E或者只有基极B和集电极C连接进电路,(三级)晶体管的行为相当于一个二极管。因此,人们有时用如图2-41来代替一个(三级)晶体管。

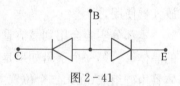

图 2-41

在这种情况下,以上实验演示已经表明,只有当基极B相对于另一极具有正的电势时,即基极B与电源正极相连时,才有电流流过。因为电路中的电流总是从高电位流向低电位。如果基极B是最低电位,二极管BE和BC都处于断开状态,电流不可能从高电位通过断路流向低电位,因而电路中没有电流流过。

图2-41的画法把一个三极管分成了两个相对连接的二极管,两个二极管所允许的电流方向,如图中空心三角形沿CE线的角尖所示,此图也让使用者一看就明白,只有当基极B的电位高于其他两个极(EC)时,才会有电流分别沿BE和BC方向流过,如果基极B的电位低于发射极E,则电流BE处于中断状态、即没有电流流过BE;如果基极B的电位低于集电极C,就没有电流流过BC。

用一个PNP晶体管(如:BC 327/16)重复这个实验,观察其如何变化。

 **实验18** **发射极和集电极之间的电流——三极共用，方显神通**

材料：晶体管，发光二极管（LED）

当把晶体管的所有三个极都接到电路之中，当作真正的三极管使用时，上述实验17（晶体管允许电流通过的方向）中图2-41的晶体管当作两个二极管使用的替代图形就不再正确。

为了研究发射极和集电极之间能否有电流流过，按图2-42连接电路。

改变电池极性的连接，你会发现，无论集电极C还是发射极E连接电源的正极，发光二极管LED都不发光。也就是说，集电极C和发射极E之间并不直接相通，不管在C和E极之间怎样连接电池，都不可能在C和E之间有电流流过。

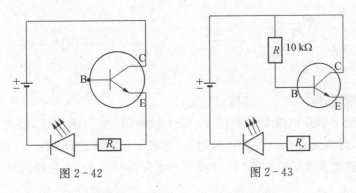

图2-42   图2-43

对上述图2-42的电路稍加修改得到图2-43的电路。

这时，LED发光了。请注意，本实验是（三极）晶体管的通常使用方法，这里三极管的三个极（基极B、发射极E和集电极C）都接入电路，作为真正的三极管使用。特别要强调的是，这里集电极C的电位高于基极B。（集电极C直接与电池的正极相连，基极B则是通过一个10 kΩ的电阻才与电池正极相连。）

与三极管当作二极管使用的实验17（晶体管允许电流通过的方向）完全不同，实验17中的示意图2-41所表示的是把一个三极管当作相对连接的两个二极管使用，虽然也可以将B，E，C三个极接入电路，但必须是基极B的电位高于其他两极（发射极E和集电极C）才可能有电流流过，实现用一个三极管来充当的两个二极管（BE二极管和BC二极管）。

实验 19　作为开关的晶体管——无延时、无接触损耗

材料:接触开关,发光二极管(LED),晶体管

连接如图 2-44 所示的电路。

当接触开关合上,LED 发光。这样,一个晶体管可以当作一个开关来使用。它的优点是,工作没有时间延迟,也没有像在继电器中一样的接触损耗。

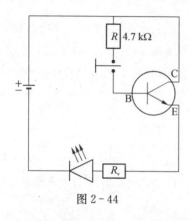

图 2-44

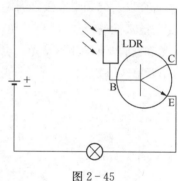

图 2-45

作为应用,做如图 2-45 所示的实验。

在基极 B 和集电极 C 之间接入一个光敏电阻,当 LDR 见光,就相当于接触开关闭合,灯泡就会亮;当 LDR 被遮光,基极和集电极之间断开,灯就会熄灭。三极管在这里和光敏电阻 LDR 一起充当了无时间延迟、无接触损耗的开关的作用。

你也可以用另外一种晶体管(如:BC 548 C)进行实验,还可以把发射极和集电极所连接的电池的极性交换,来做同样的实验。

第三部分　光学

一、光的直线传播和反射

 实验1 **光的直线传播——最容易观察的光的基本性质**

光在同一种媒质中沿直线传播,这是光的最基本的性质。光的直线传播,可以通过多种方法进行观察。

材料:绳子,硬纸板,手电筒

(1) 找一个蒙满灰尘的街道或者一个海滨沙滩。看着一个远处的物体并向它走去,眼睛一刻也不要离开它。你会发现身后留下的是一条直线轨迹。

(2) 取出一根长绳子(20~25 m),把它绑在一根桩子上。拉动绳子使它绷紧拉直,然后沿着绳子的方向看,你会看到拴住绳子的桩子。

(3) 用硬纸板剪出 4 个边长约 10 cm 的正方形。每一个正方形都用一块小木块固定,以便使它们能够直立地在桌子上站住。用钉子在每个正方形上都戳一个洞,每个洞都必须处于正方形上相同的位置,比如把洞都画在正方形的中心。把这四个硬纸板在桌子上沿一条直线相距30 cm 依次摆好,你应该可以确认,能够穿过 4 个洞眼望出去。在硬纸板列的前面放一根点燃的蜡烛,使你能穿过四个洞眼看到烛焰。试试挪动一张纸板一点点,你会发现,只要四个洞眼中哪怕有一个洞眼偏离了直线方向,烛焰就会因为被遮挡而消失。

(4) 使房间暗下来,在桌子上放一个打开的手电筒。通过灰尘、香粉或者烟雾让光线可以被间接观察,你会发现,光线是一条直的光锥。

(5) 阴影也能通过光的直线传播来解释。

使房间暗下来,在桌上放一个手电筒。让你的手或者其他东西处于手电筒的光锥中。你可以确认,阴影的外形与所放的物体相同。如图 3-1 所示。

图 3-1 阴影与实物的一致性反映光线是直线传播的

（6）在一个小空罐头盒上钻几个直径1～2 mm的小洞,再把罐头盒罩在一个光源上。让房间变暗,通过烟雾、灰尘等使光线可以被看见。它们是小的直线光锥。

（7）城市中,节假日安装在房顶上的探照灯在傍晚时分打出来的是又长又亮的直光锥。

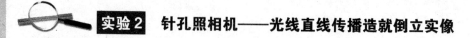

实验2　针孔照相机——光线直线传播造就倒立实像

材料:鞋盒,羊皮纸(或者就是一张白纸),大缝衣针

用大缝衣针,在鞋盒的底部钻一个直径约3 mm的孔,在底部对面的开口处张紧一张羊皮纸或者白纸作为显像的屏幕。在一个黑房间里,让鞋盒底部的洞口对准一个光亮的物体,比如一支蜡烛。观察在屏幕纸上出现的图像。试着通过洞孔与烛焰之间距离和孔洞大小的选择来改变图像的清晰度和亮度。孔洞的选择采取如下简易办法:用暗色的绝缘带把原来的孔洞封住,再钻一个直径大点或小点(1～10 mm)的新孔。

你会发现,当针孔小的时候,屏幕上可以出现烛焰的缩小的、清晰的、倒立的像(见图3-2),它来自光的直线传播原理。

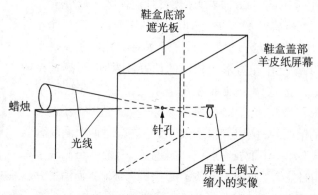

图3-2　穿过针孔的光线给出倒立的实像,说明光线直线传播

也可以试验一下用一个正方形或三角形(边长3 mm)的孔洞。你会发现,当孔洞逐步变大,鞋盒屏幕上的像将变得越来越模糊,甚至只看见光斑而看不出蜡烛的样子。

实验3 **自制烟盒——在"烟"、"黑"背景中观察光线**

材料：木头条，玻璃，硬纸板，(中国)线香

建造一个 30 cm 高、30 cm 宽、60 cm 长的"烟盒"：

"烟盒"的基本构架由木头条组成。顶部和正面装上玻璃片，背面用两块黑色的布料遮住，而且要用两块黑色料子，使中间的 10 cm 左右两块料子重叠放置［见图 3-3(b)］。盒子其余的内表面（长方形的底面、两端的正方形侧面）涂上黑色。在烟盒的一端开一个窗口，以便光线能够射入［见图 3-3(a)］。这个开口可以按照具体实验的要求，在正方形的硬纸板上挖直径不等的圆洞，当作不同大小的透光光圈，再把硬纸板充当烟盒内表面的一面涂黑，用图钉固定在烟盒一端的框架上。而在烟盒的另外一端，可以在黑色的内表面上固定一张白色卡片，用于方便观察从外面通过透光光圈进入烟盒的手电筒光柱留下的光斑。

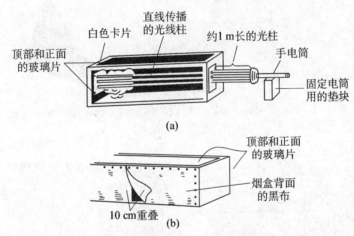

图 3-3　自制烟盒，利用黑暗和烟雾背景，使其中的光线路径更加清晰可见

利用这个自制烟盒可以做多个实验（见实验 5，平面镜的反射 Ⅱ，用烟盒观察光线的反射；实验 26，烟盒里的折射，在自制烟盒中观察光线在水中的折射；实验 28，聚焦镜 Ⅱ，在自制烟盒中观察凸透镜的光线会聚功能）。

这里是第一个实验，在正方形硬纸板上开三个洞作为透光光圈，其中每一个洞的直径约 5 mm，将它固定在窗口前。盒内必需的烟尘可以用燃着的香烟或者中国线香来产生后，装进盒内，安置在盒子的一角。从 1 m 远处（1 m 远是为了保证手电筒发出的光是比较好的平行光线)用手电筒照亮"窗户",观察通过透光光圈进入盒子里的光线,你可以清晰地看到直线光柱。

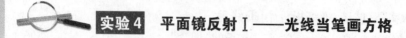 **实验4　平面镜反射Ⅰ——光线当笔画方格**

材料:梳子,白纸,镜子(比如:男士手动剃须刀盒子里的小镜子)

把一张白纸放在凳子的平坦表面上,使光线照在纸上有若干厘米长。将一把梳子放在射向白纸上的阳光中,在光线的进程中斜向放一面镜子。观察白纸上穿过梳子缝的光线被平面镜反射后的结果。你会发现,光线的亮线组成若干方块或菱形,方块或菱形的内部则是暗的。如果方块不是正方形,可以微调梳子的方位,使穿过梳齿缝的光线和经过镜面反射的光线相垂直,就可以得到正方形的格子,就像是光线当笔画出的方格。如图3-4所示。

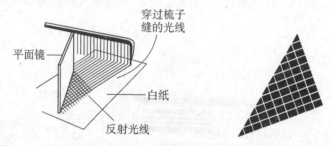

图3-4　光线当笔画方格的实验示意图以及光线画出的方格放大图

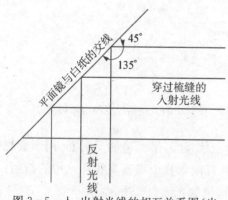

图3-5　入、出射光线的相互关系图(出入射光线位置可以交换)

更仔细地实验和测量,你会发现,当穿过梳子缝的入射光线把平面镜与白纸的交界线分成45°角和135°角时,反射光线就和入射光线成直角(见图3-5)。实际上,这是由反射原理(见实验11 反射原理)得出的结果。

当镜子以另外的方式摆放,你再观察一下,会发生什么情况?实验中,镜子、梳子、光线的相互方位关系可以有所变化。原则是:光线从梳子齿缝间穿过,形成照射到镜面上的亮线,镜面反射这些光线,形成反射光线的亮线。入射和反射光线的亮线之间,是阴影图像。否则,会看不到这些以光线为笔所作的、亮线为边的众多小块。

 实验5 **平面镜的反射Ⅱ——用烟盒观察光线的反射**

材料:本章实验3(自制烟盒)中所用的烟盒,镜子

在烟盒里装进烟,重复实验3,再在盒内光线进程的路上,斜放一面镜子。注意观察,被平面镜反射光线的出射方向。如图 3-6 所示。

你也可以用手电筒在暗房间里做这个实验,在2 m的距离用手电筒照亮一面斜放的镜子。像在本部分实验1(光的直线传播)中那样,用烟雾、灰尘或者香粉可使光线清晰可见。

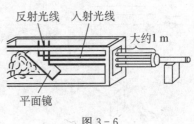

图 3-6

 **实验6** **皮球的反射——宏观模拟光线反射,探究反射原理**

光线反射最初的研究来自把光看成粒子即光子。因此光的反射,可以用宏观大粒子——皮球的反射来进行模拟。

材料:皮球,量角器,墙壁

在地面上对着一面墙壁斜向滚动皮球,观察碰壁后小球会怎样反射?过球在墙壁上留下的碰撞点,在地面上作一条垂直于墙壁的直线(我们称之为"法线")。把球滚向墙壁的斜的路线(入射线)画下来,球碰壁后离开墙壁的路线(反射线)也画下来。用量角器测量入射线与法线之间的夹角(入射角),再测量反射线与法线之间的夹角(反射角)。你会发现,如果你做得足够准确,入射角会等于反射角。这就是皮球的反射原理,它和光线的反射原理是一样的(见本部分实验11 反射原理)。

实际上,将这个实验与前面的实验4 平面反射镜Ⅰ、实验5 平面反射镜Ⅱ进行比较,你会发现,光的反射也遵守反射原理。

实验7　镜像Ⅰ——确定入眼光线,探寻实物与镜像之间的关系

材料:硬纸板,大头钉,镜子,玻璃板,大张的白纸,大块软的木板

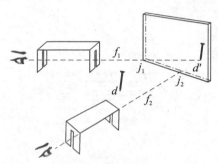

图3-7　确定大头钉尖 d 的平面镜像 d' 的两条入眼光线 f_1 和 f_2(j_1, j_2 分别是光线 f_1,f_2 和镜面的交点)

建造如下的观察设备:用一块厚纸板剪出两个 20 cm×2 cm 的长方形。在每个长方形的两端中间剪一条缝,再把它们折成如图 3-7 的样子,且称它们为"双缝观察器"。把白纸铺在比较软的大块木板上作为工作台面。在镜子前插一根大头钉 d,通过双缝观察器从两个方向去观察大头钉的镜像 d',如图 3-7 所示。用铅笔在白纸上记录下光线在平面镜前的路径,再记录下平面镜的准确位置,拿开平面镜。

把记录下的光线路径延长,看看两条光的路径在何处相交? 何处是大头钉的镜像?

你会发现,穿过"双缝观察器"看大头钉的镜像,观察器前后两条缝在白纸上的投影形成两点一线的直线,它是看到大头钉镜像 d' 的入眼光线。按照光线直线传播的原理(见实验 1 光线直线传播),大头钉镜像 d' 应该在每条入眼光线的路径上,因此,镜像就在两条光线路径交叉点 d' 的位置如图 3-7 所示。虽然镜像本身是在平面镜内的虚像,也不影响这个判断。

为了更真实地验证本实验看到的两条光线的交点位置(即大头钉镜像 d' 的位置),还可以利用玻璃的既可反射又可透光的特性,把平面镜换成平板玻璃,这样可以用铅笔直接在白纸上点出大头钉尖镜像 d' 的位置,它应该就是两条光线交点的位置。如图 3-8 所示。

我们还可以从这个实验得到更多的知识,将图 3-7 的大头钉钉尖作为物点 d 和像点 d' 相连接,d 点和 j_1 连接,得到光线 r_1;d 和 j_2 连接,得到光

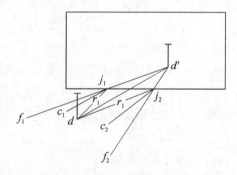

图3-8　平面镜像的入眼光线和实物的镜像的关系(此图与图 3-7 相同,只是画图的视角稍变)

线 r_2。作光线 f_1 和 r_1 构成的角的角平分线 c_1，再作光线 f_2 和 r_2 构成角的角平分线 c_2，你会发现两条角平分线 c_1 和 c_2 都垂直于镜面与白纸面的交线（参见实验11，反射原理），而且物像连线 dd' 也垂直于这条交线，物 d、像 d' 以镜面为对称面。

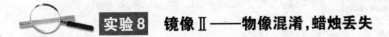

实验8　镜像Ⅱ——物像混淆，蜡烛丢失

材料：玻璃板，两支同样的蜡烛

在竖立的玻璃板前放一支燃着的蜡烛，取出第二支蜡烛点燃。先透过玻璃板看到第一支蜡烛镜像的位置，再手眼配合将第二支蜡烛精确地放到第一支蜡烛镜像的位置。

镜像在什么地方？显然，镜像在以玻璃板为对称面、与实物蜡烛到镜面距离相等的位置。从镜前方看过去，看到的就像是镜前实物蜡烛和它在玻璃板中的像，两支蜡烛好像变成了一支，另外一支蜡烛"丢失"了。

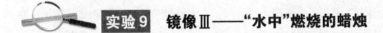

实验9　镜像Ⅲ——"水中"燃烧的蜡烛

材料：硬纸板，玻璃板，蜡烛，装有水的透明玻璃杯

把硬纸板竖立（利用可塑橡胶或者把纸板下部钉在一块木块上，使硬纸板固定地竖立在桌子上或者如实验14（镜像复制）中那样，借助两个衣夹，夹住硬纸板与桌面相交直线的两侧，使硬纸板竖立。）在蜡烛前面，使直达蜡烛的目光被阻挡。再在蜡烛的后面立一块干净的玻璃板，将一个装有水的透明玻璃杯放在蜡烛的镜像位置。点燃蜡烛，透过玻璃板观察玻璃杯。如图 3-9 所示。

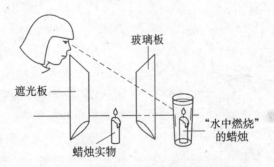

图 3-9　在"水中"燃烧的蜡烛实验示意图

如果所有的事情都调整对了，则会有蜡烛看起来就好像在水中燃烧的感觉。

请你给出解释。

实际上这是蜡烛的镜像与玻璃杯相互重合导致的错觉。

 实验10 镜像Ⅳ——铅笔和镜子,物像关系汇总

材料:大的镜子(比如:穿衣镜),铅笔

站在镜子前,手里拿着铅笔。把铅笔在你前面竖直地拿着,让笔尖指向镜子的上边缘。

再把笔尖向下指;在镜子前做前面一样的事情。也就是说,原物和镜像平行。

现在,用铅笔尖指向镜子的右上方边缘。镜像铅笔也是这么做的。我们再一次得到物体和镜像的平行特性。

如果把铅笔尖指向左边,同样有效。在镜像里,铅笔也指向左边。

那么说,物和镜像如同铅版与印出来字的关系一样,对吗?(对)

镜子总是使右边和左边交换?(是)

当你用笔尖指向镜子里边,情况会怎样?是什么使铅笔的像成为倒影?(是因为实物和镜像以镜面为对称面)

  实验11 反射原理——反射角等于入射角

材料:白纸,镜子,直尺,量角器

用直尺在白纸上画一条虚线,再画一条与虚线相交的实线,在两线交点的位置上竖直放一面镜子。转动镜子,使虚线和它的镜像在一条直线上,则纸上原先画好的实线与虚线的夹角为入射角。如图3-10所示。

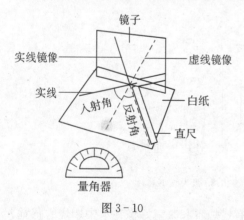

图3-10

现在,往镜子里看,找到实线镜像。在白纸上把与虚线相交的实线镜像线延长,这条实线的镜像延长线与纸上虚线的夹角叫反射角。

测量纸上入射角和反射角的大小,你会发现:二者大小相等,即入射角等于反射角。

在纸上画出不同大小的相交实线

与虚线的角度,重复以上实验,以证实入射角等于反射角是普适的。

 实验12 后视镜——光线反射帮你克服后脑勺盲区

材料:硬纸板,一面是铝箔的盒子,两面小镜子

找一个合适的硬纸板盒子,把盒子拆开成硬纸板,在盒子里面用图钉或透明黏胶带贴上一层发亮的金属箔纸(金属箔纸可以在卖散装茶叶的小店里买到,只买金属箔的茶叶包装袋子,很便宜。也可以在超市里买金属箔),再把硬纸板折成内表面光亮的盒子。在盒子上开两个洞,按照图3-11贴牢两面镜子。通过下面一个洞往盒子里看,你会看到在你后面的物体,就好像你后脑勺长了眼睛一样。如图3-12所示。

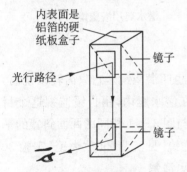

图3-11 后视镜装置示意图

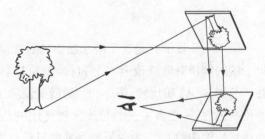

图3-12 后视镜视物示意图

如果找不到需要的盒子,也可以自己用硬纸板做一个。按照图3-13的示意图剪出合适的硬纸板块,再把它粘成一个纸板盒。

用这种设施,稍加改进和改装,可以不怕障碍物,或者躲在角落里或水里往外看。如图3-14和图3-15。

图3-14显示的是在第一次世界大战时曾经用过的后视镜(潜望镜),潜望镜本身与图3-15的潜望镜结构和光路图完全相同。物镜伸出山头,镜筒在山凹下去的一侧,穿过工事顶部进入掩体,转动长长的镜筒,人们就可以在掩体里观察山对面敌人的动静,却极不易被敌人发觉。特别在这种潜望镜还是新式装备的当年,敌人就是远远望见好像是异物的物镜,也不知究竟。

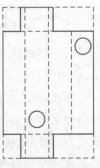

图3-13 自制纸板盒的展开图

图 3 - 14　第一次世界
大战时用的
潜望镜

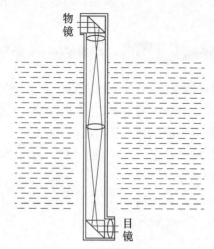

物
镜

目
镜

图 3 - 15　潜水艇用潜望镜

图 3 - 15 显示的是置于潜水艇中的后视镜(也叫潜望镜),它只需转动镜筒,把上端的物镜对准或搜索水上目标,就可以躲在潜水艇内,用目镜监视这个目标。与图 3 - 11 相比较,图 3 - 15 的潜望镜除了与图 3 - 11 相同的两面斜置的平面反射镜之外,还多了三个起放大镜作用的凸透镜[见实验 29 放大镜,实验 30 凸透镜成像中的 1)],为的是把远处的目标看得更清楚。

 实验 13　镜里字体——透明纸上文字的正反面互为镜像

有一则谜语:镜中人(打一个汉字)。谜底是:入。因为"人"字的镜像是"人"字,你可以自己试试看。可惜,不是每个汉字的镜像都是另外一个汉字。

那么,怎么才能使对镜阅读,和我们拿着书阅读一样方便呢?这就需要进一步研究文字与镜像的关系是什么?本部分实验 10(镜像Ⅳ)已经谈到,物和镜像的关系,如同铅版和印出来的字词的关系一样。也就是说,纸上所写文字的反面就是这些字的镜像。因此,只要把纸上文字的反面作为物,则这个物的镜像就是我们在纸上所写的文字。即文字镜像的镜像就还原成了原来的文字。用实验检验一下,对否?

材料:白纸,复写纸,镜子

把一张复写纸,放在一张白纸的下面,注意带颜色的一面向上。在白纸上写点东西,看看白纸背面出现的东西在镜子中的笔迹,就是白纸上所写的东西了。如图3-16所示。

图3-16

现在杂志社邮寄杂志,都用半透明的塑料口袋作为外包装,这些塑料口袋上印刷的文字的反面,仍是可见的。塑料口袋上所印文字反面的镜像,就是塑料口袋正面所印的字。

实验14 镜像复制——玻璃板一物两用,手描镜像成真

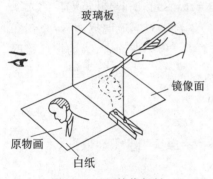

图3-17 用镜像复制

材料:玻璃板,衣服夹,白纸

在桌子上放一张白纸,用衣服夹按图3-17竖立一块玻璃板。把要复制的图画放在玻璃板前白纸上,穿过玻璃板看,沿着镜像把它画下来。

注意:为什么玻璃板要垂直站立?复制品与原件有何不同?

按照平面镜的反射原理,实物图片和镜像的位置关系是:镜面为物、像两个平面所成夹角的角平分面。物像在水平面,镜面垂直摆放,则镜像在玻璃板的另一侧的水平面上。物与像平面夹角为180°,物像在同一个平面上。用笔描的是真正的镜像,玻璃板垂直站立是为了镜像不失真。当然,正如前面实验10(镜像Ⅳ,镜像实物关系汇总)和实验13(镜里字体)所说,这里的镜像与实物的关系,就好像一张透明的照片底片的正、反面关系一样,或简称为"镜像关系"。

其实,斜放玻璃板,也有原图的像。如图3-18和图3-19,原物镜像出现在与物面和玻璃板之间夹角相等的玻璃板另一侧的夹角平面上。而执笔画像只能在与物体相同的水平面上,也就是说,我们描的并不是镜像本身。平面镜像本身并没有失真,但我们画出来的像会有明显的失真。

图3-17的镜像复制之所以成功,玻璃板功不可没。玻璃板可以反射,使成像成为可能。玻璃板也可以透射,使描画镜像成为可能。如果玻璃板是平面镜,则虽有镜像却无法描画。

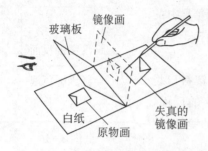

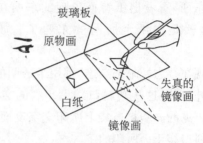

图3-18 玻璃板与原物画画面小于90° 图3-19 玻璃板与原物画面大于90°时
时纸上画像向上斜并变胖 纸上画像向下斜并变瘦

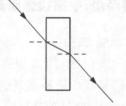

图3-20 光线进出平面玻
璃板的放大图。

作为透射物的玻璃板,由于组成玻璃板的两个
表面平行,进入玻璃板的光线和离开玻璃板的光线
平行(见图3-20)。对于很厚玻璃板而言,光线在
进出之间会稍有平移。但一般而言,因为玻璃板厚
度都不大,可以认为光线穿过玻璃板直行,并不影
响成像的质量。

  **实验15** **多次反射成像Ⅰ——单人"圆桌会议"**

材料:多面镜子

用胶带把两面镜子的一边粘在一起后,再把它们竖直放在桌上。或者在有
的小百货店里,可以买到一种像化妆盒一样的、价钱也十分便宜的小盒子,打开
以后,盒底盒盖分别是一面小镜子,将盒子侧面立在桌子上,两面镜子的夹角可
以开合自如,十分方便。

如图3-21,在镜子之间放一枚硬币,数数硬币有几
个镜像。试试改变镜子间的夹角,来增加硬币的镜像
数目。

实际上,一个原物和 N 个镜像之和为 $(N+1)$,用
360°除以 $(N+1)$ 所得的度数,就是两面镜子的夹角。例
如:右图 $N+1=4$,两镜面之间的夹角应该是:360°/4=
90°。右图中的3个镜像,是平面镜对原物硬币3次反射
的结果,如图3-21所示。

如果想了解一个人头部的各个方位(比如:5个方
位)的特点,我们可以用两面稍大一些的镜子,张成

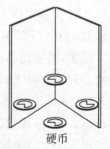

硬币

图3-21 两个平面镜
张开90°,给
出3个硬币
的镜像

360°/5＝72°的夹角,就可以虚拟一个单人的圆桌会议(见图 3 - 22)。

图 3 - 22　单人圆桌会议(同一个人像的五个不同的方位)

当然,你也可以把两面镜子的夹角摆得更小,单人圆桌会议的"参与者"会更多。但是反射次数越多,镜像越暗淡,因此通常取单人的 5 个不同方位的照片效果好。如图 3 - 23 所示。

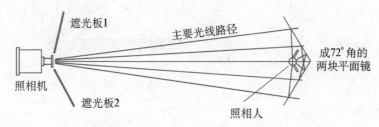

图 3 - 23　一人五像的拍摄方法,照相人背对相机,遮光板用来防止相机被照下来

实验16 多次反射成像Ⅱ——硬币与镜像排成一队

将两面镜子相互平行地竖立在桌上,放一枚硬币在两面镜子之间。往一面镜子里看,数数有几个镜像? 再往另一面镜子里瞧,数数有多少个硬币的镜像? 如图 3 - 24 所示。

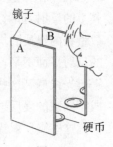

图 3 - 24

你会发现,一面镜子 A 里,硬币的镜像不止一个。紧挨着硬币原物的镜像,是硬币原物的第一个镜像,再远离镜面之处的镜像,则是硬币在对面镜子 B 里镜像的镜像,在 A 镜中的镜像又反射回到对面镜 B 里,这个 B 镜中的镜像,又在 A 镜中形成镜像……如此往复不已,形成一列硬币的队伍。

只是这些镜像,随着离镜面越远,像越模糊,看起来也越不方便,甚至看也看不到了。

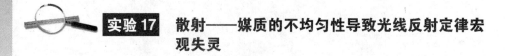

实验17 散射——媒质的不均匀性导致光线反射定律宏观失灵

材料:本章实验3的烟盒,两块玻璃板,玻璃纸

在一块玻璃板贴上某种箔,利用钢丝绒把箔的表面擦得粗糙。用橡皮筋把它固定在另外一块玻璃板上,用这个设施当成烟盒内的平面镜,重复本部分实验5(平面镜的反射Ⅱ),用烟盒观察光线被粗糙平面镜反射的现象。或者如图3-25,观察比较光线通过光滑平面和粗糙平面反射的效果。

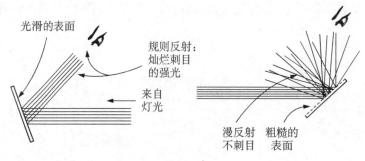

图3-25

也可以用光滑镜面和毛玻璃平面做类似的比较。

按照几何光学,光线在均匀媒质中沿直线传播。从微观尺度(如1 A=10^{-8} cm)来看,任何物质都是由一个个分子、原子组成,没有物质是均匀的。这里所谓的均匀是以光波的波长(10^{-5} cm)为尺度,即比微观尺度大1 000倍来衡量的。因此,我们周围的空气、普通的玻璃板、平静的水面都可以视为均匀的媒质,光线在其上的反射、折射和在其中的传播均符合几何光学的规律。如果尺度达到波长数量级的媒质的均匀性遭到破坏,虽然光线依然按几何光学规律传播,但因为大的反射平面不平,造成构成大平面的各个小平面的法线方向各异,射向大平面的平行光线遇到这些凹凸不平的小平面的入射角和反射角也不同。于是反射光线成了四散的漫反射光线,因为光线能量散布范围扩大、不集中,因此也不相同,我们称这些漫反射光线为散射光。

实验 18　**魔幻剧院——玩具娃娃的数字游戏**

何谓魔术,就是明知有假,就是看不出破绽。不少时候,是科学原理在帮忙。本实验的魔幻剧场中,只有一个玩具娃娃道具,但观众从舞台上看到的要么是两个娃娃、要么没有(零个)娃娃,唯独不是一个。怎么回事? 做了实验就知道了。

材料:一个有可摘下盖的结实的纸板盒(40 cm×30 cm×30 cm),玻璃板(40 cm×30 cm),两个手电筒,两把玩具椅子和一个旧的玩具娃娃,黑色的广告颜料(或者墨汁),胶水

制作魔幻舞台:在纸板盒的正面开一个 25 cm×25 cm 的开口,给盒子的内表面刷上黑色的油漆。把玻璃板沿对角线方向摆放,这可以通过把玻璃板与旁边的纸板条带粘牢作为支撑来实现。把小椅子按照如图 3-26 安放。重要的是,一把小椅子在玻璃板中出现的镜像,精确地与另外一把小椅子重合。然后,你就可以把两把椅子粘牢。把玩具娃娃放在一把椅子上,这把椅子在舞台开口边缘的后面(见图 3-26)。

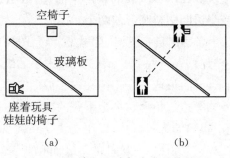

图 3-26　魔幻剧院舞台布局俯视图

两个手电筒按照图 3-28 安置,使每个电筒每次只照亮一把椅子。这必须通过安置在纸盒盖上合适的光圈来保证(见图 3-27)。

图 3-27　舞台顶部灯光布局俯视图

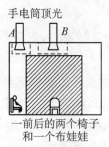

图 3-28　从观众席上看到的舞台即舞台正视图

现在把盖子盖在盒子上,交替地打开手电筒(见图 3 - 28)。一次在两把椅子上都能看见玩具娃娃,另一次,两个椅子都是空着的。因为当手电筒 A 亮 B 暗时,实物娃娃亮,它的镜像也必然清晰,于是两个椅子上都坐着玩具娃娃。而当手电筒 B 亮 A 暗时,实物娃娃暗,它的镜像也必然暗淡无光,但因为两个椅子都是实物,且相互与其镜像重合,它们总能借助任何一个手电筒的光看到。所以 B 灯亮时,空椅子实物亮,它的镜像椅子(不包括玩具娃娃)也亮,两个都能看到,但娃娃不见了。以上结果,借助于盒子内表面的黑漆和玩具娃娃摆放的位置,可以在细节上更加加强魔幻效果。

逐渐由亮至暗调节灯光(见第二部分电和磁中实验 47 一个亮度调节器),则可以慢慢地让玩具娃娃消失。

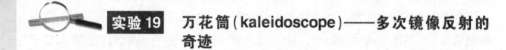

实验 19　万花筒(kaleidoscope)——多次镜像反射的奇迹

材料:铝箔或者三块 5 cm×20 cm 的条形平面镜,纸板,等边三角形玻璃片两块,圆玻璃片一块或半透明塑料圆形盖两个

"kaleidoscope"这个名字出自希腊语,意思是"漂亮图片观察器"。

把铝箔尽可能平整地贴在一块 20 cm×15 cm 大小的纸板上。铝箔在里侧,把纸板折成一个三角形的筒,形成一个铝箔在内表面的空心三棱柱,三棱柱上下底面均为边长约 5 cm 的等边三角形。再把重叠的棱粘在一起。

如果不用贴有光滑铝箔的纸板,也可以用三块 5 cm×20 cm 的条形平面镜,围成一个镜面向里的空心三棱柱。三棱柱的下底面和上表面分别用与三棱柱内表面上下底面等边三角形大小相等的玻璃片,作为三棱柱的横截面支撑(如图 3 - 29(a)上表面和下底面的虚线三角形所示)。用透明胶布在棱柱的外侧把棱柱固定以后,再用卷成圆柱形的纸板,在三棱柱体的外表面把它团团围住保护好。

下一步则需要在图 3 - 29(a)的长圆柱体靠近底部的位置,用硬纸板做一个环形套箍,套箍内圈固定在长圆柱体的外侧,套箍外圈紧挨着一个短的圆柱形套筒,使长圆柱体和与之相连的环形套箍在一起可以很方便地在短圆柱体外套筒内转动。把带有长短两个圆柱体的整个装置倒过来,在长圆柱体底部三角形玻璃片上放上 20 片左右的彩色塑料箔碎片,再用一块圆形的、一边光面一边毛面的圆形玻璃片封口,玻璃片的毛面向里,光面向外。把圆形玻璃片与最外侧的短圆柱体固定相连。最后,把整个装置再倒回原来的位置,如图 3 - 29(b)。整个装置中,长圆柱体可以在短圆柱体中转动,却又不会从短圆柱体中抽出来,即二圆柱体是连在一起的整体。用纸板剪出一个外围与长圆柱体上顶面圆形相等的圆环片,把长圆筒的上顶面围住,环片的外围四周与长圆筒固定在一起,中心的圆洞留出来,作为眼睛观察口。

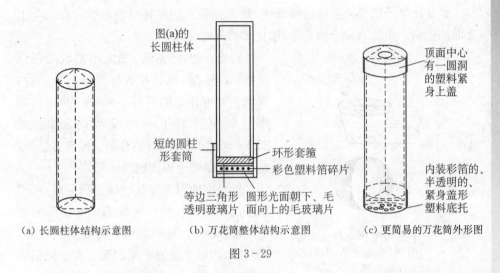

(a) 长圆柱体结构示意图　　(b) 万花筒整体结构示意图　　(c) 更简易的万花筒外形图

图 3 - 29

如果能找到合适的半透明的、硬度适中的、内径与图3-29(a)的圆筒相等的塑料圆形盖两个,则万花筒的制作可以更简单,如图3-29(c)。顶部是一个中心有一个圆洞(作为眼睛观察口)的圆形盖子,紧紧地盖在已有的如图3-29(a)的圆柱体上。底部是一个与顶部大小相同的、没有中心圆洞但盖底半透明、以保证透光的圆盖。为了底盖内可以装进彩箔的碎片,图3-29(a)的圆柱体纸筒下部应该比三棱柱的底部稍长一点。

手执万花筒的圆柱侧面,将底面端口对着光握住,从上端眼睛观察口往万花筒里看,你会为眼睛所见的、经多重反射而形成的彩色花样而惊叹。转动镜筒,总能得到新的花样。

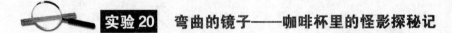

实验20　弯曲的镜子——咖啡杯里的怪影探秘记

艾巫丽是一个中学生,特别喜欢物理。一天,她在一本书上看到一个可以自己动手做的实验,来了兴趣,想自己做做这个实验。书上对实验的描述很简单:

"把一个装有牛奶咖啡的咖啡杯放在桌上,牛奶咖啡的量在杯子边缘下1 cm 处,让阳光从斜上方射入。仔细观察,阳光经咖啡杯内部边缘反射,在咖啡上表面所形成的图形。"

这是一个周六的上午,艾巫丽用家里的小茶杯,按书上要求冲了一杯牛奶咖啡,因为阳台上阳光灿烂,她搬一个吃饭用的凳子放在阳台上,把咖啡杯摆在凳子上,阳光从她右手边斜射到杯子上。

坐在比凳子稍矮一点的摇椅外侧,她首先看到的是杯壁右侧投射在咖啡上表面的阴影。她的第一个感觉是,没什么稀奇的呀。

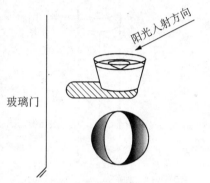

玻璃门

图 3-30　斜照阳光下,咖啡上表面的两个阴影。左阴影淡,右阴影清晰

转念一想,不对呀,书上不是说要仔细观察吗。于是,她又对着杯子仔细看了看,看到了咖啡杯壁的另外一侧(左侧)也在咖啡上表面投射了一个很浅的阴影(见图 3-30 的正视图和俯视图)。她想,这应该是杯壁在咖啡上表面的镜像吧。

她兴奋地以为实验已经完满完成,可想想还是不对。杯壁的镜像应该和实际的杯壁一样,怎么会是阴影呢?可要不是镜像,是阴影,阴影又是怎么来的呢?右手侧阳光直射在杯壁的右侧,不可能形成这个"左侧的反方向的阴影啊",到底怎么回事呢?疑问在艾巫丽的头脑里盘旋。

第二天,艾巫丽又在阳台上仔细观察那个咖啡杯。她用一本书挡住右手侧射过来的阳光,发现杯壁右侧的阴影消失了。这好理解,阳光不再,阴影不现。可奇怪的是,与此同时,原来杯壁左侧的很浅的阴影,却变得非常清晰(见图 3-31)。

图 3-31　用书挡住右侧阳光,右阴影消失,左阴影清晰

图 3-32　用书挡住左侧阳光,左阴影消失,右阴影清晰

是什么光源投射的左侧阴影?除了阳光,阳台上没有别的光源呀。艾巫丽

在阳台上左顾右盼,哈哈,找到了! 她的眼光停留在客厅和阳台之间的玻璃门上。原来右手侧的阳光照到玻璃门上,它的反射光再投射到咖啡杯的左侧,形成了咖啡上表面左侧的阴影。

为了证实自己的猜想,艾巫丽用书本挡住左侧从玻璃门反射过来的光线,果然,左侧的阴影不见了,只剩下右侧直接来自阳光的阴影(见图3-32)。艾巫丽又把凳子搬到正对客厅门开口的位置,离开玻璃门的干扰。结果,咖啡上表面只剩下右侧阳光直射的阴影。探秘胜利了!

阳光入射方向

图3-33　排除玻璃门干扰后的右阴影、左镜像

走在小区的湖边,艾巫丽看到湖中周围楼房的倒影,想到:最清晰的镜像,是实物被照亮,而镜面不怕暗。于是又跑回家里,再次观察阳台上的咖啡杯,当然,排除了玻璃门的干扰。果然,看到了,杯壁左侧在阳光直接照射下,在咖啡上表面留下的杯壁镜像倒影(见图3-33)。

至此,咖啡杯怪影探秘终于落下帷幕。

实验21　凸面镜、凹面镜——反射光线发散、会聚各不同

材料:梳子,纸板,凸面镜,凹面镜,金属条带或者条形金属薄膜

用凸面镜和凹面镜来做实验4(平面镜的反射Ⅰ——光线当笔画方格),假如你没有凹面镜,也可以利用弯曲的金属条带或者金属薄膜条带,还可以把条带向另外一个方向弯曲来重复这个实验。

正如实验4(平面镜的反射Ⅰ——光线当笔画方格)一样,因为实验器具的尺寸都不大,因此要求的凸面镜和凹面镜的尺寸也不大。为此你可以在茶叶店里买一个散装茶叶的包装袋,外表面彩色,内表面是亮的金属箔。从这个包装袋上,剪下不大的一块(比如:7 cm×4 cm),把箔弯成一个金属纸箔朝外的凸面镜,用手指扶着纸箔站立在白纸上,就可以进行所要求的实验了。同样的方法,也可以竖立一个临时的凹面镜在白纸上。

你会发现,凸面镜使平行的光线发散(见图3-34),而凹面镜使平行的光线在焦点聚集(见图3-35)。用金属纸箔所做的临时的凸面镜和凹面镜所做的实验结果,没有图3-34和图3-35中画的规范,但基本结果还是明显可见的。

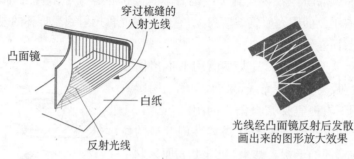

穿过梳缝的
入射光线

凸面镜

白纸

反射光线

光线经凸面镜反射后发散
画出来的图形放大效果

图 3-34　凸面镜使反射光线发散

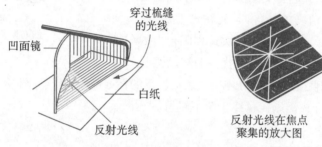

穿过梳缝
的光线

凹面镜

白纸

反射光线

反射光线在焦点
聚集的放大图

图 3-35　凹面镜使反射光线会聚

　　其实,利用反射角等于入射角的反射原理,明确在面镜的入射点上,对应的法线是曲线切线的垂直线,做一个和入射角一样大小的反射角,就可以自然地得出凸面镜发散光线,凹面镜聚集光线的结果。因此本实验的结论,是反射原理的自然结果。

二、折射和透镜

 实验22　折射Ⅰ——铅笔变形

材料:硬币,铅笔,玻璃杯,水

在玻璃杯里装上水,把一根铅笔或者其他的东西插进去。从整体上观察:从水的上表面看下去,你会发现铅笔因浸在水中,似乎变短了。而从玻璃杯壁的表面外看过去则会看到,没在水中的铅笔好像变粗了,如图3-36所示。

图3-36

 实验23　折射Ⅱ——河底变浅,小心上当

材料:硬币,洗涤盆,水

在一个瓷杯里或一个洗涤盆里放一枚硬币。慢慢向后退,一直退到器皿的边缘刚好挡住你看到硬币的目光。让你的一个朋友往器皿里慢慢地倒水,观察会发生什么情况?(见图3-37)

图3-37　盆底看不见的硬币(左边)在盆中加水以后,看得见了(右边)

你会发现,刚才看不到的硬币,又出现了。这是光折射的结果。折射使物体的像比实际物体向上浮起来一些(见图3-38)。折射率越大,折射像浮起来的

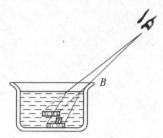

图 3-38 盆底的硬币,经过水的折射,因位置明显升高,而变得清晰可见。

高度也越大。压在厚玻璃下的纸,其上的字浮起来的高度较高;而用油漆在水下写字,如果水的深度与厚玻璃的厚度相等,则水下的字向上浮的高度较浅。因为玻璃的密度大于水,折射率也大于水。

这个实验还说明,我们在看水底实物的时候,眼睛看到的实际上是实物经水面折射后的像,它比实际上的实物所在地位置要高约 1/3。也就是说,我们看到的河的深度要比实际约浅 1/3。如果不会游泳的人,想到河里学游泳,看到河底如此浅,以为人可以站在河底,不会有危险。而一跳下河,就会河水没顶,真正的危险就来了。因此,当我们在岸上观察河底,一定要把看到的深度放大很多,才能置自己于安全之地。

至于说,为什么河水变浅的量是 1/3? 让我们先看一个水中小灯泡的练习:如图 3-39,在水中深度为 y 的 Q 点有一个发光的小灯泡,作 QO 垂直于水面,求射出水面折射线的延长线与 QO 交点 Q' 的深度 y' 与入射角 i 的关系。这实际上就是水中物体 Q 发出的光线,以不同入射角通过水面折射到空气中以后,被人眼看到,眼睛看到的实物像和实际实物所在地的高度差问题。观察河底,虽然不是发光的小灯泡,但只要我们能看见河底,就是光线照亮了河底,河底反射的光线经水面折射后被我们看到,我们才能体会到河底的存在,与本练习的发光小灯泡道理相同。

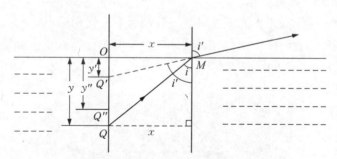

图 3-39 水中小灯泡

相对于钠黄光 D 线而言,空气的绝对折射率 $n_1 = 1.000\,28$,水的绝对折射率 $n_2 = 1.333 = 1\frac{1}{3} = \frac{4}{3}$。因此水相对于空气的折射率 $n = \frac{n_2}{n_1} = \frac{4}{3}$,根据折射定律(见实验 25,折射定律)有 $n_2 \sin i = n_1 \sin i'$,即:

$$n\sin i = \sin i' \tag{1}$$

设入射角为 i 的光线与水面相遇于 M 点，设 $OM = x$，则

$$\tan i = \frac{x}{y} \Rightarrow y = \frac{x}{\tan i} \Rightarrow x = y\tan i \tag{2}$$

$$\tan i' = \frac{x}{y'} \Rightarrow y' = \frac{x}{\tan i'}$$

由（2）得 $y' = y\dfrac{\tan i}{\tan i'}$，考虑到 $\tan \alpha = \dfrac{\sin \alpha}{\cos \alpha}$，我们有：$y' = y\dfrac{\sin i\cos i'}{\cos i\sin i'}$ （3）

由（1）式有：$\sin i' = n\sin i$，$\cos i' = \sqrt{1 - \sin^2 i'} = \sqrt{1 - n^2\sin^2 i}$，代入（3）式得

$$y' = \frac{y\sqrt{1 - n^2\sin^2 i}}{n\cos i} \tag{4}$$

（4）式说明，由 Q 发出的不同光线，经水折射后的延长线不再交于同一点，而是与光线到达水面的入射角 i 的大小有关系。深度为 y 的 Q 点的小灯泡发出的光，入射角为 i，经水面折射后，被空气中的人眼看到的小灯泡的像在深度为 y' 的位置 Q'。让我们从两个最简单又极端的例子来理解这种关系。

1）入射角 $i = 45°$ 的情况

因为光线在水中的全反射临界角是 $48.5°$（见实验 33，全反射），也就是说，当水中光线抵达水面的入射角 i 大于 $48.5°$ 时，则不可能再有光线从水中折射到空气中，这些大入射角 i 的光线，会被全部反射回到水中。因此入射角 $i = 45°$ 已经是在空气中尚能看到其折射光线的大入射角 i 了。因为 $\sin 45° = \cos 45° = \dfrac{\sqrt{2}}{2}$，相对折射率 $n = 4/3$。根据（4）式，当入射角 $i = 45°$ 时有：

$$y' = y\frac{\sqrt{1 - \left(\frac{4}{3}\right)^2\left(\frac{\sqrt{2}}{2}\right)^2}}{\left(\frac{4}{3}\right)\frac{\sqrt{2}}{2}} = y\frac{\sqrt{2}}{4} \approx 0.353\,6y$$

令 $y = 1$，则 $1 - y' \approx 0.65$，也就是说，当水中光线射到水面时的入射角 $i = 45°$ 时，空气中人眼看到的小灯泡深度减小了 65%，即人眼看到的小灯泡的位置已经相当地浅了。

2）入射角 $i = 0°$ 的情况

考虑到 $\sin 0° = 0$，$\cos 0° = 1$，$n = 4/3$，（4）式给出（我们用 y'' 代替 y' 以便

把情况 2 和情况 1 区别开来)：

$$y'' = \frac{y}{n} = \frac{3}{4}y = 0.75y$$

令 $y=1$，$1-y''=0.25$，这说明当水中光线入射到水面上的入射角 $i=0°$ 时，即光线从水中垂直向上穿出水面时，空气中的人眼看到的水中物体小灯泡的位置变浅了 $25\%=1/4$。和情况 1 在定量上有明显的区别。

这也是为什么我们从小船上看平坦的池底时，常常会觉得直接在我们下面的那一部分（入射角 $i=0$）池底最深，而四周却越远越浅。因为你看得越远，水下物体反射的光线经水面折射到你眼中的入射角越大。我们在岸上看水的深度，随眼望去，水底光线经水面折射到我们眼中的折射角 i' 会比 $30°$ 角要大些，但水底光线的入射角大概在小于且靠近 $30°$ 的位置，这个入射角，使水底变浅大约 $1/3$。

特别要说明的是，虽然上面的叙述，进行了公式和数字的计算，但它们只是帮助我们去定性理解河水变浅的道理，并不是真正精确的计算。正如实验 22（折射Ⅰ）和本实验所显示的不只是硬币上升，人眼看到的经过折射的像的形状也有改变，也就是说，我们看到的 Q 点的像 Q'，不只是位置垂直升高，而且还有在入射角 i 大于零时，我们没有考虑的左右挪动。好在正如我们在实验 22 和本实验看到的这种实物像的变形不十分离谱，至少我们还是能通过看到的折射像辨认出实物的模样。因此我们说，以上的计算与分析对我们理解河底变浅，还是很有帮助的。

实验 24 **折射Ⅲ——暗环境＋几滴脱脂牛奶，让光线在水中清晰可见**

材料：玻璃杯，水，脱脂牛奶，纸板（黑色）

在玻璃杯里装上水，再添加几滴脱脂牛奶，使水混浊。在足够大的黑色纸板上钻一个直径约 0.5 cm 的小孔，把杯子直接放在阳光下，把黑纸板放在玻璃杯前。黑纸板要足够大，以便能挡住杯子上面和杯子侧面的光线对实验效果的干扰，仅留从洞眼穿过的光，调整纸板上的洞，使入射光一次从水面的上方，一次从水面的下方入射进入水中。

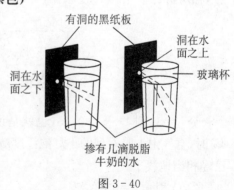

图 3-40

跟踪光线在水杯中的进程。

你会发现，如图 3-40 所示，当黑色纸板上的洞眼在水面之下时，光线在水中直线前进；当黑色纸板上的洞眼在水面之上时，光线从水面上射入水中，而且入射角大于折射角。

这个实验效果明显的关键是，通过黑纸板洞眼的光线的相对强度要明显大于它周围环境的光照。因此，这个实验也可以在清晨或傍晚光线比较暗时，甚至干脆晚上在室内进行，关掉电灯，用手电筒当光源，效果更好。

第一个实验，进光的洞眼在水面之下时，因玻璃杯里加了几滴脱脂牛奶，入射到水中的光线清晰可见，效果很明显。

第二个实验，当进光的洞眼在水面之上时，由于这时光线在玻璃杯内空气中的可见度明显小于加了几滴脱脂牛奶的水中，实验效果就差多了。为了更好地跟踪光线的踪影，我们可以在前一个实验(光从水面下入射)的基础上，慢慢抬高洞眼的位置来提高实验效果的可观察度。紧盯住光线进入水中的进入点和在玻璃杯壁上洞眼留下的光斑，点和斑的连线，就可以确认为入射光线。

实验 25 **折射定律——光线进入不同的媒质要按规矩"打折"**

材料：瓶子，黑色油漆，手电筒，量角器，水，脱脂牛奶

给瓶子涂上黑漆，留下一个圆形口不上漆或者刮掉已有的漆。在瓶中装水，使水面触到圆心。如图 3-41 所示。在水里加入几滴脱脂牛奶，使水变混。现在，再在圆口上方的一侧，刮出一个小圆形开口。使房间变暗，用一只手电筒的光穿过开口。把量角器的一条边沿铅垂方向摆放，测量抵达水面的入射光线和进入水中的折射光线分别与铅垂线(垂直于水面的隐形的直线)之间的夹角。可以针对不同的入射角 r，做一系列的测量。不同的入射角 r 可以通过在其他的位置刮出开口来实现。首先，可以定性地看到，入射角 r 大于折射角 z，只有当光线从瓶口的小洞垂直进入水面时，入射角 r 才等于折射角 z 且都等于零。然后，可以求出入射角 r 和折射角 z 两个角度正弦值的商。

图 3-41

实际实验显示，以上实验设计的优点是思路直观。

也可在前一个实验的基础上，把靠玻璃杯底部的部分，用黑漆或黑墨水涂黑，用一个有小洞的黑纸板当杯盖，来定性观察入射角和折射角的大小关系，如图 3-42 所示。效果比用上述瓶子要好些。

光线垂直水面入射（入射角 $r=$ 折射角 $z=0°$）　　光线偏离水面法线（入射角 $r>$ 折射角 z）

图 3-42

也可以像上面一样,用量角器测量入射角 r 和折射角 z,然后求其两个角度正弦值的商。

更精确的测量告诉我们,对于光线从空气射入某种媒质而言,$\dfrac{\sin r}{\sin z}$ 的比值 n 是固定的常量,这就是折射定律的内容,而比值 n 称为折射率。很明显,光从空气入射到比空气密度大的媒质时,其折射率大于 1。

 实验26 **烟盒里的折射——自制烟盒中观察光线在水中的折射**

材料:实验3(自制烟盒)里的烟盒,小瓶子,水,脱脂牛奶

在小瓶里装满水并加入几滴脱脂牛奶。一次把小瓶子与光路进程垂直,另外一次让小瓶子与光路倾斜,放进烟盒里。实验中,在烟盒右侧的贴纸板上挖一个直径为 8 mm 的洞作为应用光圈(见图3-43),观察光线在小瓶内的折射情况。

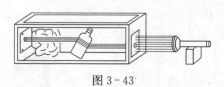

图 3-43

 **实验27** **聚焦镜Ⅰ——玻璃瓶底凸透镜,森林火灾的罪魁之一**

材料:聚集镜即放大镜,火柴,废报纸

取一个放大镜,拿着它走进阳光中。尝试这样拿着放大镜:使你的手背上出现的光点尽可能小,这时你感觉到什么?你会感觉到皮肤被会聚的阳光灼热,其

程度明显大于没有聚焦镜会聚的阳光照射。注意,皮肤感觉到热,就应该把聚焦镜拿开,以免灼伤皮肤。放大镜能聚集平行的光线于它的焦点,因此它被称作聚焦镜。

重复以上实验:拿一根火柴,让火柴头处在焦点的位置,火柴会被光线点燃。

也可以用一张废报纸,使通过聚焦镜的阳光光线在报纸上聚焦。你会发现,报纸会在焦点处烧焦。让你的同伴帮你测量透镜中心到报纸上烧焦点的位置的长度,它就是透镜的焦距。

有些玻璃瓶的瓶底也具有透镜的形式。因为瓶底的玻璃就像放大镜一样,有一面或者两面都凸起。它们常是森林火灾、灌木起火的原因。

这里,可以做以下的实验:此实验的一个重要任务是,把瓶底与瓶子分开,不留下尖锐的边缘,以防伤到人。取一个干燥密封的瓶子,用棉线绕着瓶一周束缚住瓶子,绕线的位置是打算将瓶底与瓶子分离的地方。注意,棉线的结必需尽可能地平滑。剪掉多余的线。用滴管(一个空的眼药瓶也可以)吸满汽油,滴湿已绕好瓶子的线圈。这里不允许汽油流下来,如果流下来了,必须用抹布擦掉。把瓶子横放在两个木头块上,点燃棉线。沿长轴转动瓶子,使棉线都燃起来。

把瓶子竖立在桌子上,让线燃尽。如果瓶底到这时还没有跳下来,就把瓶子垂直慢慢地浸入冷水中,要让水面在线的下方。这时,瓶底就掉下来了。用锉刀和金刚砂纸去掉尖锐的边缘。

用玻璃瓶瓶底当作聚焦镜重复做以上的实验。

 **实验28** **聚焦镜Ⅱ——在自制烟盒中观察凸透镜的光线会聚功能**

材料:实验3(自制烟盒)的烟盒,放大镜

在烟盒内的光路上放一个放大镜(即凸透镜),做实验3。你会看到,平行光线在焦点处会集。因为太阳很远,它的光线是平行的。正是这个原因,才有实验27(聚焦镜Ⅰ)的正常运行。也正因为此,在本实验中,要想得到可能的平行光,必须把手电筒安置在离光圈约1 m远处。

透镜的共同特性是由焦距来刻画的,即从透镜的中心到焦点的距离。用烟盒或者像在实验27(聚焦镜Ⅰ)那样,来测量各种透镜的焦距。

实验 29　放大镜——凸透镜的放大功能

（1）把一支铅笔插进一个装有水的玻璃杯，从杯子的上面和侧面观察水中的铅笔。你会发现，从上面看下去，铅笔变短；从侧面去看，铅笔变粗。因为玻璃杯侧面向外凸起，与一个有放大作用的凸透镜类似。如图 3-44(a)所示。

从上面、从侧面观察一条在圆形鱼缸中的金鱼，你会发现，相比从上面往下看金鱼，从侧面观察时，金鱼变大了。

 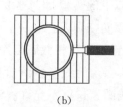

(a)　　　　　　　　　　(b)

图 3-44

因为玻璃杯和鱼缸向外凸出的侧面相当于一个凸出的透镜，即放大镜。

（2）取一个放大镜，来看看画有等间隔线条的纸。比较透过放大镜和在其外的线条的数目，如图 3-44(b)所示。

 实验 30　凸透镜成像——正倒、放大缩小、虚实皆有可能

材料：纸，手柄式放大镜

遮住房间的光线，只留一扇窗户进光。让一位朋友执放大镜立于窗前，你则拿着一张白纸，慢慢地向透镜靠近，直到能看清图像。看看图像和实物有什么区别？如图 3-45 所示。

如果放大镜的焦距不是很长，你也可以一手拿放大镜，另一手拿白纸当屏幕，在户内或户外针对确定的实物，探知其像的虚实、正立或倒立、放大还是缩小。

执白纸的一只手，在放大镜后方前后挪动，

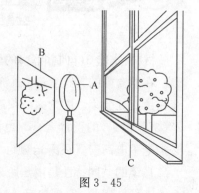

图 3-45

直到白纸上图像清晰为止。也可以来回走动,用执放大镜的一只手对准室内或室外的实物,以寻找适合用凸透镜来成像的实物。注意,轴向平行的光线在透镜后面会先会聚在焦点,再向外发散。

可以针对不同的物距来探究凸透镜的成像。为了理清思路,可先用在纸上作图的方法,弄清不同物距下,凸透镜成像的特点。

在纸上作图,了解凸透镜成像情况的具体方法如下:

利用从实物上一点发出的两条光线的交点,或者两条光线延长线的交点,就可以决定实物上此点的像。

根据凸透镜的特点,可以选取平行于光轴的光线为第一条光线,它会和通过光轴的光线一起,会聚到透镜另外一侧的焦点(见实验27,聚焦镜Ⅰ)。

过透镜中心的直行光线为第二条光线。因为透镜中心处,透镜的两个表面是平行的,入射和出射透镜中心处的光线是平行的,加上透镜厚度不大,两条平行光线几乎就成了一条直行的直线(见实验14,镜像复制图3-20及其文字说明)。用这两条光线,就能得到实物上一点发出的两条光线的交点,这个交点就是光线从实物上的一点发出来的实物点的像。实物上每一个点的像都可以这样画出来。这样,就可以画出实物在不同位置时,凸透镜所成的像。如图3-46所示。

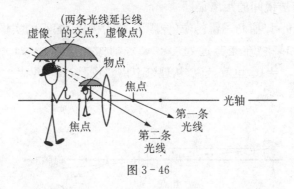

图 3-46

1) 实物位置在焦点以内

由图可见,当物距 $O < f$(焦距)时,凸透镜成的像(像距为 i)为正立、放大的虚像。我们通常用放大镜看字典或地图上很小的字,就是利用了凸透镜的这种特性,如图3-46所示。

2) 实物在2倍焦距的位置上($o = 2f$)

由图3-47可见,凸透镜的像(像距为 i)倒立。放大率 M 是像的大小与实物大小的比值,根据光路图中三角形的相似关系,可以知道放大率的定义也可以表示为 $M = i/o$,即像距与物距的比值。在本例的情况下,$M = i/o = 1$,即"像"

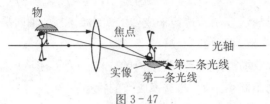

图 3－47

和"实物"一样大,像是由光线的交点而成,为实像。

　　3) 实物位于 1 倍焦距与 2 倍焦距之间($f<o<2f$)

　　由图 3－48 可见,凸透镜的像(像距为 i)为倒立、放大的实像。

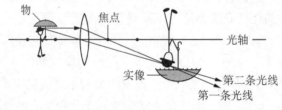

图 3－48

　　4) 实物与透镜间的距离很远

　　由图 3－49 可见,凸透镜的像(像距为 i)为倒立、缩小的实像。把这种情况拉到极端,即如果物在无穷远处($o=\infty$),则像在焦点处,即 $i=f$,而放大率 $M=i/o=f/\infty=0$。也就是说,从理论上讲,"像"缩成了焦点上的一个点,发生了聚焦,放大率为零。

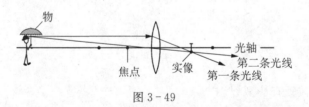

图 3－49

　　以上哪种情况是实验 29(放大镜)中"用凸透镜放大纸上条纹的宽度"的现实版? 很显然,是第一种情况,即凸透镜当放大镜用时。

　　为什么人们用一个凸透镜既可以放大也可以缩小实物而成像,所成的像既可以是实像(实际光线相交而成的像),也可以是虚像(实际光线的反向延长线相交而得到的像)? 从以上的光路图就可以得到解释。

实验 31　投影定律——验证形式简单的凸透镜的物像公式

材料:折尺,纸板,白铁皮,橡皮筋

为了实现高质量的测量,必须有一个光学工作台。它可以按如下方式自己建造:

折尺是基本的支架。锯出一些木板,做成凹槽形,让其可以作为尺子上的"游码"用(见图 3-50)。在游码上粘上纸板,这样可以比较容易地在其上固定大头钉或其他类似的东西。透镜可以用两条适当弯曲的金属片固定住,金属片本身则由螺丝钉固定在游码上。

利用实验 27(聚焦透镜 I)中的方法和手段测量一个透镜的焦距。在一个游码上固定一个小白炽灯泡的插座,将小灯与电池相接。将一个带有透光孔的遮光板放在这个光源之前。自己建造一个屏幕:将一张白纸板固定在一个游码上,垂直置于光学工作台。现在把透镜置于带孔遮光板和屏幕之间,移动屏幕,直到有非常清晰的像出现在屏幕上。测量带孔遮光板到透镜之间的距离(物距 o)和透镜到屏幕之间的距离(像距 i)。如图 3-50 所示。检验投影定律的焦距值 f:

$$\frac{1}{f} = \frac{1}{0} + \frac{1}{i}$$

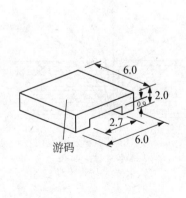

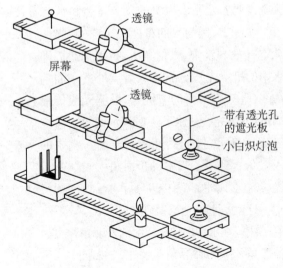

游码　　6.0　2.0　0.9　2.7　6.0　屏幕　透镜　透镜　带有透光孔的遮光板　小白炽灯泡

图 3-50

实验 32　水透镜——自制临时放大镜

材料:钉子,细金属丝,水,玻璃板

在一个玻璃板上滴下一滴水。将玻璃板压在一张报纸上,透过水滴注意报纸上的字。你会发现,字被放大了。也就是说,水滴充当了一个放大镜。如果把滴有水滴的玻璃板稍微抬高一点,离开报纸。再隔着水滴去看报纸上的字,其放大效果会更明显。因为此时,物距 o 虽然增大,但像距 i 增大得更多。由放大率

图 3-51

$M = \dfrac{i}{o}$ 得到更大的值,更重要的是,因为聚焦更合适,字迹更清楚了。

也可以做如图 3-51 所示的实验:取一根细铁丝,用它的一端围绕一根钉子转动一圈,弯成一个小的环形洞眼。把小环浸入水中后,再把它拉出水面,利用水的表面张力,使一滴水珠悬留在小环中。透过水滴观察一些物体。

实验 33　全反射——让活人"身首分离"、"四肢变八肢"的超级魔术师

如果你会游泳,潜到水下一回,从水下面斜着向上看水面。你看到什么? 你会吃惊吗? 水下看世界的景象竟然和水上看到的世界大不相同。

实际上,因为水的密度大于空气,光线从空气进入水中,入射角大,折射角小。即水中的折射光线更靠近入射点处的水面的法线(垂直于水面的直线)。根据光线传播的可逆性,光线从水下入射到水面再折向空气,则入射角小、折射角大。当增大水中的入射角直到使空气中的折射角大于 90°时,光线就进不到空气中去,只好再反射回到水中。这就是水的全反射现象。

刚好在水中出现全反射的入射角称之为临界角。水的临界角为 48.5°。如图 3-52

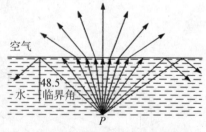

图 3-52　从水中 P 点出发的光线,入射到水面上,如果入射角(入射光线与水面法线组成的角)大于临界角(对水而言为 48.5°),则入射光线不再能折射到空气中,而是被水完全反射回到水中。

所示。

根据光路的可逆性,空气中一切可能的光线,到了水下,都被挤到顶角为48.5°+48.5°=97°的圆锥体中。也可以说,从水里往上看,水上360°的世界,都被压缩在一个顶角为97°的圆锥体里。而在水中,锥体以外的光线,正如前面所说,它们跑不出水面,又被水面反射回水里。对于这些水中射向水面的、入射角大于48.5°的光线而言,水面成了一个平面反射镜。

图3-53是在水下 A 点看到的世界。为了比较在水下 A 点看到的水面下和水面上世界的不同,可在水中插一根标杆,标杆露出水面一部分。

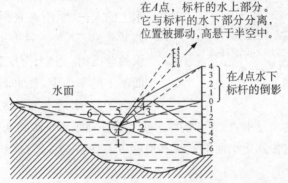

图3-53 眼睛在水底下的 A 点观察到全部视野。最右边是一根部分插在水里、部分露出水面的标杆。视野1、2是在 A 点看到的河底的实物景象。视野5是水上360°的全部实物景象被压缩成在 A 点为锥顶的97°的圆锥体。视野3、4、6是在 A 点的全反射区,看到的都是河底景物的倒影平面镜像。

为了说明在水中 A 点到底会看到什么? 图3-53 中,把四周凡是能被看到的水下和水上的360°的地方,分成不同的视野区,然后对每一个视野区进行分析研究。在视野1,如果河底的亮度足够,则能看到河底和水中的实物景象。在视野2,则能毫不歪曲地看到标杆浸在水里的部分。在视野3所看到的是,以水面为镜的水面下标杆,在视野2的同一部分的全反射镜像倒影虚像。它被压缩了,越是靠近水面的地方,标杆被压缩得越厉害。在视野4可以看到河底的镜像。在视野5则可看到成锥形的全部水面上的世界。(因为水面上360°的视野,只能挤在而且是高高地悬在水面以上的空中,与水面分隔得很远。图中标杆的水上部分,让观察者很难想到,它会是水中标杆的水上部分。)在视野6看到的是河底的镜像。

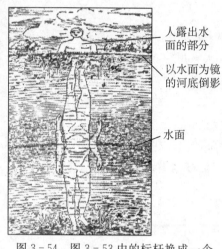

人露出水面的部分

以水面为镜的河底倒影

水面

图3-54　图3-53中的标杆换成一个站立的人,在水下 A 点看到的情况

如果竖立标杆的地方站的是一个人,在水里看去,这个人的形状会像图3-54那样。

在水中的人和鱼看来,下河洗澡的人,变成了两个动物,一个无头,却有四只脚四只手,一个有头却无脚地高悬于空中。图3-54对照图3-53看,更容易理解水下在 A 点处看到的奇形怪状。

那么,是什么让站在河底、头肩露在水上的人,从水中看来,变得身首分离、四肢变成了八肢? 这个超级魔术师就是水的全反射。因为全反射,水面成了镜面朝下的平面镜,使水面以下的水中世界倒立在"水的上面",人的四肢就变成了八肢。也因为全反射,使360°的水上世界都缩在了水下眼睛为顶点顶角为97°的圆锥体内。这使露出水面的人头和肩膀等,高高在上,悬在半空中,活人影像完全身首分离。

三、光的颜色和极化

 **实验 34** **太阳光的光谱颜色——"纯净"的白光原来如此多彩**

材料：2 个玻璃或者透明塑料三棱镜，凸透镜，当作屏幕的大白纸

以下的实验牛顿已经做过，而且1704 年在他的《光学》一书中公开发表。

把一间阳光照耀的房间的光线遮住。留一个小洞，以使一束细小的光线能照进房间。也可以利用一个强光灯，在灯前放置一个光圈。如图 3-55 所示。

在光线中，手持一个三棱镜，在其后竖立一个屏幕。你会得到一个颜色谱，其中包括：蓝色、绿色、黄色、橙色和红色等多种颜色。

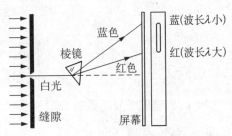

图 3-55　白色的太阳光被三棱镜分解成彩色的光谱（波长 λ 小的光线，折射率 n 大）

彩色是在棱镜中得到的，还是在之前的阳光中本身就包含的呢？

为了探究这个问题，牛顿把所有颜色都隐藏起来，只剩下一个颜色，再用第二个三棱镜进行进一步的分解。结果不再起作用，如图 3-56 所示。说明棱镜没有对光线染色，只是把光线分解成光谱的颜色。而单个光谱色则不能再进一步分解。

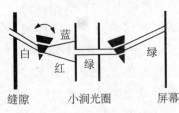

图 3-56　单个绿色的光谱色不能被三棱镜分解

在进一步的实验中，牛顿把从棱镜得来的彩色光谱发散光用一个透镜聚集在一起。让作为屏幕的纸慢慢地远离三棱镜运动，这样人们就能看清楚,彩色的光在焦点附近合成了一个白色的点(注意这个点在屏幕上的位置)。在焦点的后面,又会显现出彩色,但这次颜色的序列被颠倒了,如图 3-57(a)所示。也就是说,单个的色彩穿过透镜没有受到干扰。

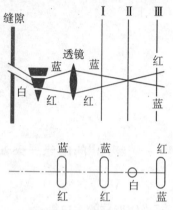

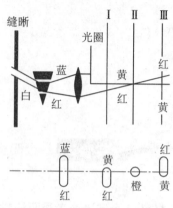

(a) 所有的光谱色混合给出白色光   (b) 部分光谱色混合给出混合色光(橙色)

图 3-57

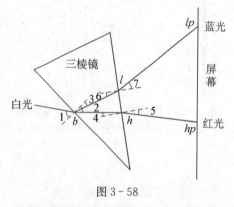

图 3-58

三棱镜的宽度,使从 b 点进入三棱镜的白光,按不同波长折射,红光 bh 折射少,蓝光 bl 折射多(角 2 大于角 3);三棱镜的厚度,使红光光线 bh 和蓝光光线 bl 拉开的距离加大;三棱镜的棱 lh 使红光和蓝光的间距进一步加大,于是我们看到了明显的太阳光的色散光谱。

隐蔽掉光谱中的一部分色彩,就会在焦点处的白色光点前显现相应的颜色,如图 3-57(b)所示。

太阳光色散的原理是,折射率与波长有关。波长 λ 相对较小的蓝色光,折射得比较厉害,即折射率 n 比较大。波长 λ 大的红光光线,折射率 n 小。即白光进入玻璃以后,红光($n_h = \sin\angle 1/\sin\angle 2$)的折射角 2 大于蓝光的折射角 3($n_l = \sin\angle 1/\sin\angle 3$)。原理如图 3-58 所示。

由于三角形的形状特色,不同折射率 n 的光线在棱镜内行走的路程被不同程度加长,这使光线间的间距变大。而不同折射率的光线,在离开玻璃棱镜的斜边上的第二次折射,又进一步扩大了这些光线在屏幕上的间距,形成了明显的、清晰可见的色散现象,得到了漂亮的太阳光赤、橙、黄、绿、青、蓝、紫的光谱色。

实验35　　颜色光谱——水三棱镜,分解白光替代品

材料:手电筒,小镜子,装有水的平底碗

对光线做光谱分解,不是一定需要三棱镜。把一块镜子放入水中,使镜面与水面大约成 30°角。将房间遮暗,或者在晚上,把房间的灯全部关闭,打开手电筒照在镜面上,光线应与水面大约成 30°角。这时,在天花板上就会显现一段光谱。如图 3-59 所示。

图 3-59

这是因为,手电筒的白光是由不同频率的光线组成的,它们的折射率不同,再利用平面镜面上的水形成一个水三棱镜,扩大了这种不同折射率光线的间距,因而同样可以形成彩色光谱。

当然,水的密度虽然大于空气,但还是小于玻璃,加上实验中水的固定性远小于三棱镜的玻璃,因而色散光谱不如三棱镜的太阳光谱稳定、清晰。但具有不同颜色的光谱现象还是显而易见的。

实验36　　虹——谁持彩练当空舞

一个"虹"字,让人很容易联想起毛泽东 1933 年春天所作的一段被谱了曲的诗词:"赤橙黄绿青蓝紫,谁持彩练当空舞? 雨后复斜阳,……"诗人眼中的美景,让读者心中突显一幅美丽的图画,画面的主角是彩虹,第一二配角是雨后(意味着湿润的空气)、斜阳复出。而诗中"谁持彩练当空舞"的问题,更是让物理爱好者联想到"虹"的形成原理。

在阳光下,人造一场雨后的湿润,就能出现人造虹,有了"人造虹"就可以探究其原理了。

材料:浇灌园地的长橡皮管

用手紧紧捏住长橡皮管的喷嘴,让橡皮管口喷出的水变得细小急速,形成小雾墙。然后,人背对太阳,观察水雾墙。就会看到一条虹。

有太阳、有小水珠,让太阳照在小水珠上,对着水珠看,我们就可以看到虹。为什么? 因为太阳光线照射到小水珠上,经过从小水珠外到小水珠内第一次折

射,在小水珠内经过一次全反射后,又通过第二次折射由小水珠内射出小水珠外。光线的折射率与光的波长(或频率,波长和频率成反比。)有关。阳光中,不同颜色的光,都在进出小水珠时,经过两次折射,一次全反射。但因波长不同,入出小水珠的偏转角略有不同,这种色散现象,就形成了外圈为红,内圈为蓝紫的虹。具体情况如图 3-60 与图 3-61 所示。

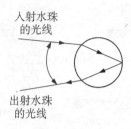

图 3-60　太阳光中的红光入射到小水珠上经两次折射,一次全反射,射出小水珠。

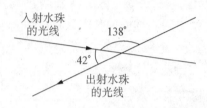

图 3-61　将图 3-60 的出射光线平移后,由红光偏转角 138°,计算出进出小水珠光线的偏转角为 42°。

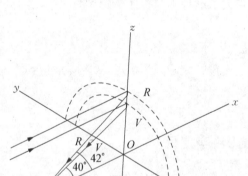

图 3-62　站在地上的观察者的眼睛在 P 点,看到太阳光线从人后面往前照射。所有以 O 点为圆心,对 P 点张开 42° 角的半圆上的小水珠都反射红(Red)光,而对 P 点张开 40° 角的半圆上的小水珠都反射紫(Violet)光,两个半圆之间的半圆,则是反射波长在红光与紫光之间的光。

经过仔细计算得知,红光进出小水珠的偏转角为 42°,而紫光(Violet,蓝紫色)为 40°,其余各色光线的偏转角度介于二者之间,如图 3-62 所示。

入射到小水珠上的平行的太阳光线,凡是偏转了 42° 的出射光线,都反射红色光线,所有的红色光线都来源于一个半圆上的小水珠,于是我们看到一条半圆形的小水珠组成的红线。而凡是把平行的太阳光线偏转40° 角的小水珠都反射紫光,于是我们看到的是一条由小水珠构成的半圆的紫线,组成虹的其他颜色的光因为波长在红光和紫光之间,这些颜色的半圆形的色线在红光半圆和紫光半圆之间,从红到紫依次排列的半圆光线的整体就是我们在天空中看到的虹。

谁持彩练当空舞? 从物理学的角度,答案出来了:组成太阳白光光线的各色姐妹们,被排成半圆形的小水珠们折射、全反射,展现了阳光中姐妹们本来的光鲜色彩,舞出了挂在空中美丽的虹。

 实验37 加法混色——异色光束在白屏上重叠

先将多束已有的光(比如:白光光束),分别通过不同颜色的滤光片过滤,得到不同颜色的多束光;再将这些有限多的却又非全部的有色光束投射到白屏幕上的同一位置,让它们重叠混合,于是,在白屏幕上得到另外一种颜色光斑。这种操作称之为加法混色。

根据"加法混色"的定义,可以设计如下的简单实验,来观察加法混色的效果,研究加法混色的规律。

第一种实验方法(见图3-63):

材料:纸板,小刀,蜡烛,彩箔(比如:不同颜色透明的塑料口袋剪成的薄膜片)充当滤色片,作屏幕用的白纸或者白墙

把纸板在中间折起来,在折痕的左右两边各裁出一个边长约7 cm的正方形,两个正方形相对于折痕线对称。现在,把纸板放在屏幕的前方,再在裁出来的正方形窗口前各放一只点燃的蜡烛。把房间遮暗。

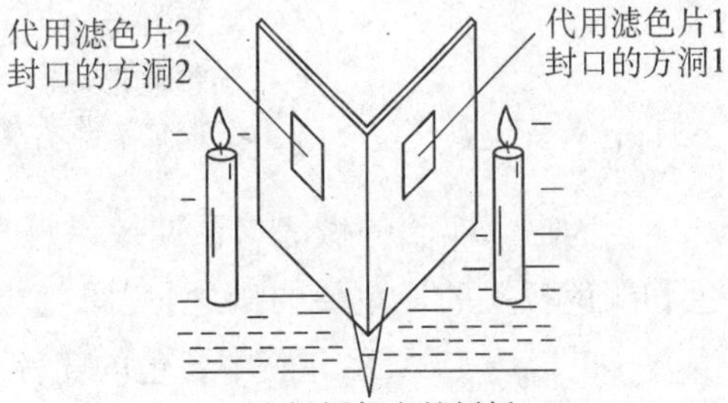

在屏幕上会显现两个明亮的正

图 3-63　用烛光为光源,用不同颜色代用滤色片封住纸板上的方洞为出光口,寻求两束光在白屏上的重叠,由此来实现加法混色的实验示意图

方形。变化纸板折叠的角度,直到屏幕上的两个正方形有部分是重叠的。这时,把彩箔或者彩色玻璃纸贴上封住纸板上的窗口,观察屏幕上出现的混合颜色。

第二种实验方法:

材料:两个手电筒,橡皮筋,不同颜色透明塑料口袋剪下来的颜色塑料片(充当滤色片),作屏幕用的白纸或者白墙

分别用橡皮筋将不同颜色的透明塑料片束在两个手电筒的发光头上,同时打开两个手电筒,让不同颜色的光在白墙上显现,仔细观察单个手电筒的光在白墙上的颜色后,再让两个手电筒的光在白墙上重叠,观察两个颜色的光混合后的颜色。如图3-64所示。

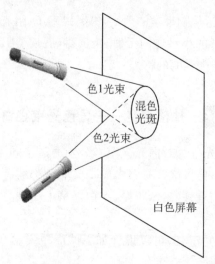

色1光束

混色
光斑

色2光束

白色屏幕

图 3-64　用发光头分别包裹了不同颜色代用滤色
　　　　片的手电筒为光源,直接让手电筒的不
　　　　同带色光束在白屏上重叠,来实现的加
　　　　法混色实验示意图

　　因为这个实验的做法与预期效果息息相关,我们简要地介绍一下与加法混色和颜色相关的最重要的概念:三原色、互补色、色彩三要素(色调、饱和度和亮度)。如图 3-65 所示。其中各色的简称字母来源于英文:蓝(blue)、红(red),紫(magenta)(注意这个 magenta (M)是紫红色,不同于实验 36 虹中的 violet 指的蓝紫色),绿(green),青(cyan),黄(yellow)、白(white)。

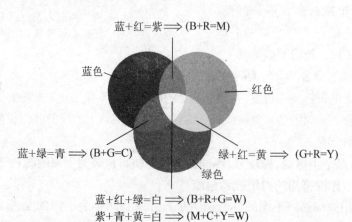

蓝+红=紫 ⟹ (B+R=M)

蓝色

红色

蓝+绿=青 ⟹ (B+G=C)

绿+红=黄 ⟹ (G+R=Y)

绿色

蓝+红+绿=白 ⟹ (B+R+G=W)
紫+青+黄=白 ⟹ (M+C+Y=W)

图 3-65　常用的加法混色三原色:红绿蓝(RGB)。红绿蓝三色的
　　　　光束,两两叠加生成青色、紫色和黄色。图中,相对的两
　　　　端的颜色互为互补色:红与青、绿与紫、蓝与黄。紫、青、
　　　　黄三种颜色叠加到一起是白色。

1）三原色

加法混色三原色定义：①三种颜色以适当的比例组合在一起产生白色；②一种原色不能用另外两种原色的混合得到。

人们已经发现，满足这两个条件的三种颜色有多种组合：比如：红绿蓝，青紫黄，红黄蓝，等等。但是比较这些三原色的组合发现，只有红绿蓝（RGB）的组合具有最大的混色潜力。也就是说，用红绿蓝（RGB）原色按不同比例混色，得到颜色的数目最多。而用红蓝黄（RBY）原色混合能得到的颜色的数目就少多了。用青紫黄（CVY）当原色，通过混色得到的颜色的数目更少。因此人们通常取红绿蓝（RGB）作为加法混色的三原色。

2）互补色

两个互补色按一定的比例加法混色，混合在一起，一定产生白色。比如：黄色和蓝色就是互补色（见图3-65）。

3）色彩三要素（色调、饱和度和亮度）

色调表示颜色的种类，它可以是一种纯粹的原色或者是不同原色按一定比例混合而成的颜色。色调取决于该颜色的主波长。

亮度是人们所感觉到的颜色明亮程度的物理量。

饱和度是表示颜色浓淡程度的物理量，它是按颜色中混入白色光的比例来表示的。没有混入白光的光谱色，饱和度为100%，等于1。混入白光，饱和度就降低，感觉到的颜色就变淡。比如：粉色、天蓝色、淡黄色、米黄色等这些比较淡的颜色，饱和度就比较低。白光的饱和度为0。

在计算机"画图"软件里，颜色编辑就是用颜色三要素来定义"文件"中的颜色的。

市面上可能买回来用于本实验的东西通常有：红色、黄色和蓝色的透明塑料口袋。没用过的垃圾袋也有不同的颜色，可以把它们剪下来，做成代用的红色、黄色和蓝色等的滤光片。用以上两种实验方法的任意一种进行加法混色实验。由于颜色三要素的把握在我们的实验中不容易定量，真要通过这个实验来验证已有的加法混色结果，还是要通过代用滤光片——透明带色塑料薄膜不同层数的叠加来反复试验、观察。

比如：对加法混色而言，蓝色和黄色是互补色，二者相加产生白色。在暗房里，在两个手电筒分别包上单层的蓝色和黄色的透明塑料口袋，由于购买的颜色塑料口袋，其颜色并不如我们做实验所需的那么理想，在白墙壁上混色，不太容易看到白色。实际上，由于我们的黄色饱和度低，它要和一个低饱和度的蓝色（天蓝色）混合，才会产生白色。鉴于黄色透明塑料口袋的塑料薄膜很薄，它的饱和度比较低,如果用两层黄色薄膜包住手电筒的发光头,再与另外一个包了一层颜色较深的蓝色塑料口袋的光束在墙上混合,借助于晚上的黑暗,就可以在白墙上看到混合的白色了。即:黄色+蓝色=白色。

当然,包在手电筒发光头上的塑料薄膜层数增加,虽然可以提高颜色的饱和度,但也可能降低颜色的亮度,这也是需要多次试验的原因之一。

另外,还有常见的加法混色:红色+绿色=黄色,红色+蓝色=紫色,蓝色+绿色=青色,(见图3-65)等,我们都可以进行尝试、琢磨、实验。市面上不容易看到的颜色透明塑料口袋可以用减法混色(见实验40,减法混色)而得到。比如,用一蓝一黄两色的透明塑料薄膜同时包住一个手电筒的发光头而获得绿色。

加法混色常用在彩色电视、计算机的显示器中,以及投影仪、舞台、舞厅的灯光上。在电视和计算机的显示器中,三种颜色的光束不是叠加在一起,而是处于相互紧挨着的一个个小区域内,每个小区域是一个像素。像素足够小,从正常距离上观看,眼睛感觉到的就是个别色光的相加混合。透过放大镜去看彩色电视机和计算机屏幕,就可以看到单个的像素。

 **实验38 彩轮——旋转失色**

材料:结实的纸板片,绿、蓝、红色或者这几种颜色的彩纸,约 1 m 长的结实的细绳子(可以用多股棉线加在一起来充当)

把纸板片剪成直径约 5 cm 的圆片,再把圆纸板片分成三个圆心角为 120°的扇面,每个扇面的两面分别染上红、蓝和绿色,或者贴上这三种颜色的纸。先想想,如果这个纸轮转动起来,会是什么颜色?

用一根钉子在纸板中心附近的位置戳两个洞。把绳子穿过两个洞,末端打上结,使其成为一个大的圈。挪动圆纸板到绳套的中间,转动纸板,直到绳子被绞得很紧(绳子的绞动要求纸板两边都有)。如果总是在正确的时间点上,向两边拉动绳子,纸板片会继续转动下去。如图3-66所示。

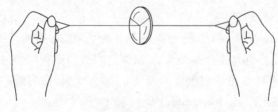

图 3-66

观察转动着的纸板片，它显出灰白色。配有红、蓝、绿鲜艳颜色的彩轮居然在快速转动中失去了颜色。实际上，我们在纸板旋转中看到的颜色，是红蓝绿三原色的反射光加法混色而产生的。因为这里三原色并非像理论中所述的那样标准，旋转混色时也并非完全等量地反射或者散射，因此混合后呈现灰白色而非白色。

 实验39 黑白轮旋转——主角退位，小配角上岗

这个实验的做法与前一个实验完全相同，只是圆片的颜色是如图 3-67 所示。用实验 38 彩轮的方法，做一个颜色配搭如图 3-67，直径约 5 cm 长的黑白轮。

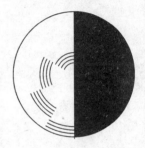

图 3-67

这个圆纸片，一半色彩是主角，黑色。其余是四个弧线小配角，每个配角包含 4 条短弧线，各弧线所占的圆心角为 45°即 1/2 圆片的 1/4。先想想，这个纸轮转动起来会是什么颜色？然后，再次通过捻动绳子，使它处于旋转状态。

你会发现，旋转中的纸轮，主角就像退了位。只看见浅灰色背景下的从里到外的 16 个同心圆。仅仅 45°的圆周弧线线条，却占据了 360°的整个圆周。

这是因为，转动中的纸轮，黑色吸收绝大部分的入射光，占圆面积 1/2 的黑色，因少有反射和散射而表现出主角退位。白色反射或散射大部分的入射光，因而只有与白色搭配的黑色 1/8 的圆周弧线，因吸收入射光，明显高于近邻的白色，才显出它自身的黑色。同样因为纸轮的快速转动，使 1/8 的圆周黑线，借助于人眼的视觉暂留，充满了整个圆周。

 **实验40** 减法混色——一束白光穿过重叠的异色滤光片，投射到白屏上

减法混色说的是，一束白光通过两个不同颜色重叠的滤色片，出来的光束投射到白色屏幕上，称为减法混色。减法混色是和加法混色完全不同的混色方法，出来的效果也完全不同。例如：同样的黄色和蓝色滤光片，加法混色（见实验 37 加法混色）的结果是白光。减法混色的结果是绿光。即：

加法混色：黄＋蓝＝白 另外如：红＋绿＝黄（具体见前面实验 37，图 3-65）
减法混色：黄＋蓝＝绿 而 红＋绿＝黑（详见以下的实验及论述）

材料:透明的彩色塑料薄膜(蓝色、黄色、红色或其他颜色)(比如:从透明带色的塑料口袋上剪下来的无字的塑料薄膜片)

在白色背景上,把蓝、黄、红三种彩色薄膜上下重叠摆放,观察由此产生的颜色,是黑色。

也可以用蓝、黄、红三色重叠包裹手电筒灯头,把灯光投影到一个屏幕上,它们两两重叠的颜色如图3-68。三种颜色重叠在一起是不透光的黑色。

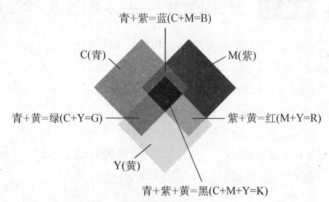

图3-68　青、紫、黄三张透明塑料薄膜片叠加,白光光束通过它们时的减法混色示意图

青、紫、黄(CMY)之间每两种颜色组合通过减法混色(见本实验下面的论述)后透射出加法混色的三原色(红、蓝、绿)。而青、紫、黄三种颜色叠加在一起,则把白光中的原色全部过滤(减)掉了,于是最后成了不透光的黑色(K)。(英文黑色 black 中最后一个字母 k 代表黑色,因为它的第一个字母 b 被蓝(blue)占了。)

正如在加法混色实验中所述,鉴于颜色三要素(色调、饱和度、亮度)在我们的实验中非精确可控,这个实验的真实效果的实现,是要琢磨和多次试验的。

减法颜色混合可以用在滤光片的重叠、彩色照相、颜料盒中的水彩颜料、油漆和墨水的颜料混合等。一般而言,油漆、墨水和颜料对散射光的作用,与滤光片对透射光的作用相同。

为什么光束先后通过不同颜色的滤光片的颜色,称之为"减法混色"? 因为每个滤光片都会减去(过滤掉或吸收掉)它自身颜色的互补色。

比如:(见实验37加法混色图3-65)因为红与青、绿与紫、蓝与黄互为互补色,所以青色滤光片会减去(或过滤掉)红色。如果白光(假定它由红蓝绿三原色组成)照射到青色滤光片上,会减去红色,剩下蓝色和绿色,而蓝色和绿色相加混色,本身就是青色,即青色滤光片只让青色的光通过,而青色光也可以视为蓝光和绿光的相加混色。如果青色光再通过黄色滤光片,因为蓝色和黄色是互补色,蓝色光又会被减去,于是只有绿色光可以通过黄色滤光片。这就是如图3-69所示的"青+黄=绿"(C+Y=G)。

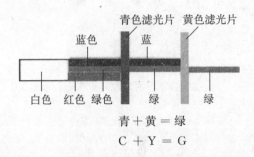

$$青 + 黄 = 绿$$
$$C + Y = G$$

图3-69 青色滤光片减去红色,黄色滤光片减去蓝色,所以青黄二色滤光片重叠生成绿色

如果把青、黄两色滤光片的顺序颠倒,即白光先通过黄色滤光片,后通过青色滤光片,则有(见图3-70):白光光束通过第一个黄色滤光片时,要减去黄色的互补色:蓝色。于是得到:黄色=白色(红+蓝+绿)-蓝色=红色+绿色=黄色,即通过第一个黄色滤光片后,得到黄光,黄光可视为红光+绿光的加法混色的结果。由红光+绿光的黄光再通过第二个青色滤光片,应该减去青色的互补色,红色。结果就只剩下黄光中的绿光了。所得结果与前面分析的先通过青色滤光片,后通过黄色滤光片的结果相同。说明减法混色与滤光片的先后顺序无关。

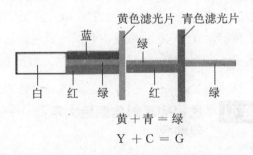

$$黄 + 青 = 绿$$
$$Y + C = G$$

图3-70 青黄二色滤光片顺序颠倒,减法混色效果相同

图3-68中其他的两个滤色片的减法混色(紫+青=蓝,紫+黄=红)情况类似,读者可以自己借助实验37(加法混色)的图3-65进行解释阅读。还可以将滤色片的次序颠倒,看看结果是否有变化? 如图3-71、图3-72所示。

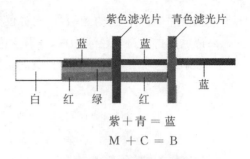

紫＋青＝蓝

M＋C＝B

图3-71　紫色滤光片减去绿色,青色滤光片减去
红色,紫青两滤色片重叠透过蓝色

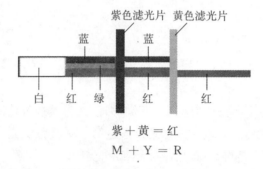

紫＋黄＝红

M＋Y＝R

图3-72　紫色滤光片减去绿色,黄色滤光片减去蓝
色,紫黄两滤色片重叠透过红色

　　有趣的是,减法混色也有三原色。任何三种相互独立的颜色(即三种颜色不可能通过三色自己圈内混色得到其中任何一种颜色),只要三色的减法混色产生黑色,就是潜在的减法混色的原色。但因青色、紫色和黄色(CMY)减法混色所能获得的颜色数目最大,我们通常称它们为减法混色的三原色。这也是为什么计算机彩色打印机中、彩色照相设备和耗材商都选用CMY三种颜色墨水的原因。

 **实验41** **透视和反射的颜色大不同——显示色＝白色－吸收色**

材料:红墨水,蓝墨水,小玻璃板

　　在小玻璃板的一面上,滴上一滴红墨水给玻璃板染上颜色。将玻璃板滴有墨水的一面向上,搁置在桌面上,以便晾干墨水。然后,把晾干墨水后的玻璃板翻过来,让涂有墨水的一面向下,透过玻璃板来看涂在其上的红色墨水痕迹。我们能清晰地确认它是红色。现在,再把玻璃板翻转回去,让玻璃板涂有红墨水的一面朝上,让灯泡的光线或者来自窗户的光线通过玻璃板上的红色斑反射进入眼睛。则玻璃板上的整个墨水斑迹会显现出淡绿色。

在白光的照射下,干了的红墨水透射出红色,说明这时它吸收了白光中的蓝色和绿色。因为蓝色+绿色=青色,青色是红色的互补色,红+蓝+绿=白色。吸收青色,透射红色,所以我们看到的透射光就是红色。

而在反射情况下,干了的红墨水显示出淡绿色(说明这种绿色的饱和度比较低,也就是这种绿色中含有较多的白光含量),说明这时的红墨迹吸收了淡绿色的互补色:(红+蓝=紫色),而反射了绿色,因此我们看到的玻璃板上红墨水反射的颜色是绿色。互补色请参见实验37(加法混色),如图3-65所示。

也可以用蓝墨水再次实验整个过程。你会发现,透过玻璃看蓝墨水的痕迹是蓝颜色。说明晾干了的蓝墨水,吸收了蓝色的互补色(红色+绿色=黄色)。

直接利用光线在晾干了的蓝墨水痕迹上的反射光线,来观察同一个蓝墨水的干痕迹,则显现出紫色。说明,它吸收了紫色(=红+蓝)的互补色绿色。

以上两个实验说明,同样的颜色物体,透射和反射颜色可能会不同。说明颜色物体有可能对组成自身颜色的某种成分颜色的波长透射率高,而对组成同一色体的另外一种颜色的波长反射率更高。

如果可以搞到绿墨水,也可以用绿墨水来做同样的实验,或者用水彩颜色来做整个实验。

 **实验42** **密码——只允许覆盖薄膜的颜色通过,信息自然消失**

材料:红色的薄膜(比如:红色透明塑料口袋),橙色铅笔,白纸

在白纸上用橙色铅笔写秘密通知,再在其上放一块红色的薄膜,通知就会消失。这是为什么呢?

一方面,由加法混色得到:橙色=1份黄光(Y)+1份红光(R);另一方面,黄光=红光+绿光,将此代入橙色组成式,得到:橙色=1份绿光+2份红光。因此,橙色包含了2份红光和1份绿光,如图3-73的橙色反射比曲线所示。

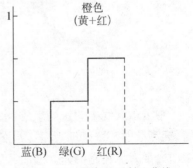

图3-73 橙色的反射比曲线

现在,在橙色的文字上覆盖一块红色的薄膜,红色薄膜要(滤掉)减去红色的互补色青色(＝蓝色＋绿色),只允许红色通过。于是,橙色文字中的1份绿光被红色薄膜减去,只有其中的2份红光透过薄膜,而一整块薄膜都是红色的,橙色文字透过的2份红色,无法与红色薄膜分辨开来,橙色的通知信息也就自然消失了。

实验43　天空蓝和夕阳红——"散射光强与波长的关系"成就的天空美景

蓝天、白云和红色的旭日和夕阳,相信很多人都司空见惯。但是为什么会出现蓝色的天空、白色的云彩以及红色的旭日和夕阳,想必很多人都想了解。

白天的天空之所以亮,完全是大气层散射阳光的结果。如果没有大气层,人们仰望天空,看到的将是光芒万丈的太阳高挂在漆黑的背景中,就像宇航员在大气层之上所看到的那样。

由于大气层的散射,使阳光从各个方向射向地面,我们才看到光亮的天穹。按照1871年物理学家瑞利所提出来的散射定律,当散射体的尺度小于光的波长时,散射的光强与波长的4次方(λ^4)成反比。也就是说,波长越短,散射光强越强。可见的太阳光的组成中,蓝光、蓝紫光的波长比较短,散射光因短波富集而使天空呈蔚蓝色。

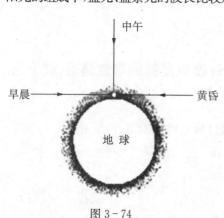

图3-74

旭日和夕阳呈红色,是因为白色太阳光中的短波成分更多地被散射掉了,在直射日光中剩余较多的就是长波成分了。如图3-74所示,早晚阳光以很大的倾角穿过大气层,经历的大气层的厚度比中午时大很多,从而大气的散射效应也要强烈得多。而这些厚的大气层内所散射的太阳光已经是长波成分更多的红色光了,这便是旭日和夕阳的颜色特别的殷红、朝霞和晚霞红色居多的原因。

白云由大气中的水滴组成,水滴的大小与可见光的波长相比已不算太小,这时,瑞利散射定律已不适用。水滴对太阳光的散射与波长的关系已经不大。太阳白光散射后还是白光。因而云彩是白色的。

可用手电筒的白光在滴有几滴脱脂牛奶的水中的散射和透射来实验模拟天空蓝和晚霞红。

材料：大的玻璃杯（直径大约 10 cm），手电筒，脱脂牛奶，白色屏幕，当杯垫用的黑色手帕或者深色本子的封面

在玻璃杯里装入清水，把它放在暗色的垫子上。用手电筒光从侧面透过玻璃杯，光强几乎不减弱地穿行而过，水中的光线很难被确认。在水中滴几滴脱脂牛奶，光线的踪迹会变得清晰许多。

先在杯子的上方，俯视观察被水散射的、从玻璃杯侧面穿越水杯的光线。你会看到，散射光线显现淡蓝色，如图 3-75(a)。因为波长较短的蓝光比波长较长的红光散射得厉害很多。

再面对玻璃杯壁，观察穿过有水的玻璃杯透射过来的手电筒光线，你会发现，光会显现出散射剩下的淡淡的紫红色，如图 3-75(b)。用白色纸张作为屏幕截住透过玻璃杯的手电筒光，同时调整手电筒与玻璃杯之间的距离，观察打在白屏幕上的透射光，光线的淡紫红色效果还可以更明显一点。

（a）在玻璃杯上方俯视观察会发现被水散射的手电筒光呈淡蓝色。

（b）面对杯壁，观察穿过玻璃杯透射过来的手电筒光，会看到散射剩下的淡紫红色光。

图 3-75

 实验44 **机械波的偏振模拟——振动平面确定的波**

本实验并非光学内容，但为了对下一个实验所述的光学偏振有直观理解，特补充这个实验。

材料：纸板，出自第三部分振动和波实验 13 驻波 2 中的自制驻波发生器，即回形针—玩具玻璃弹子链

在纸板上剪下一个宽约 2 cm、长约 12 cm 的条，这样就在纸板上得到一个缝隙。再取出来自第三部分实验 13 的玩具玻璃弹子链。

把纸板竖直放在桌上，用几本书从两边把纸板夹住，将它固定在桌面垂直的方向上。把玩具玻璃弹子链的一端在纸板上缝隙的后面固定，试试在缝隙的开口端用手执玩具弹子链末端的弹子,使玩具玻璃弹子链上的弹子连同与之相连的曲别针和橡皮筋圈,在水平面方向上激发起横波。玩具玻璃弹子链左右振动的平面与地面平行,我们就称该链的波是水平偏振的横波。

如果把带有缝隙的纸板平行于地面摆放,纸板的平行于缝隙方向的两边,分别放在分开放置的两个凳子之上,用书本压住固定。在纸板上缝隙的开口端,手执玩具玻璃弹子链上下振动,则弹子链的振动平面与地面垂直,我们称这样的弹子链的波动是竖直偏振的横波。

我们还可以用如下的方法来显示模拟竖直偏振和水平偏振的波。

材料:一根比较软的、晾衣服的绳子(见第三部分振动和波实验 8 长而软的绳子)

让你的同伴拿着绳子的一头,或者把它拴在与你手高度相当的椅背上,你拿着绳子的另外一头,上下挥动。经过一点练习,绳子上就会出现一列由你向你同伴的方向传播的横波,而且是一列沿竖直方向偏振的横波。由横波的传播方向和振动方向构成的平面,叫振动平面。这时,绳子横波的偏振面是垂直于地面的平面,如图 3 - 76 所示。

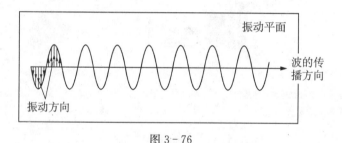

图 3 - 76

如果你拿着绳子,沿平行于地面的水平方向挥动,你就得到一列传播方向不变的、沿水平方向偏振的波,而这时的偏振面是通过传播方向和振动方向组成的平行于地面的平面。

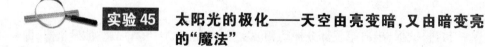

实验 45　太阳光的极化——天空由亮变暗,又由暗变亮的"魔法"

光的电磁理论表明,在自由空间传播的光是纯粹的横波,光波向某个方向传播时,其电场矢量和磁场矢量在与光的传播方向垂直、又彼此互相垂直的方向横向振动。鉴于光与物质相互作用的过程中,起主要作用的是光波中的电矢量,所以人们常以电矢量作为光波中振动矢量的代表。

常见的太阳光,或者普通的灯光属于"自然光",这种光包含了垂直于传播方向的所有方向的横向振动。如图 3-77 所示。

所谓太阳光的极化,就是用偏振片(或者叫极化滤光镜、偏振滤光镜)把某种特殊的横向振动方向挑出来,把不需要的振动方向过滤掉。

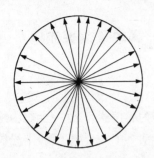

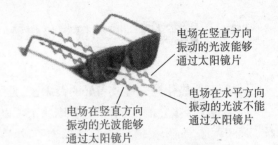

电场在竖直方向振动的光波能够通过太阳镜片

电场在水平方向振动的光波不能通过太阳镜片

电场在竖直方向振动的光波能够通过太阳镜片

图 3-77　自然光中振动的分布,在垂直于传播方向的平面中,各向同性

图 3-78　偏振镜片太阳镜

好的太阳眼镜通常满足这个要求。这种太阳眼镜进行了特别的处理,戴上这种眼镜,它只让垂直偏振光通过。因此有些光,比如经过白雪或者海洋反射的光,主要是水平方向偏振的,它们不能透过太阳眼镜,就不会伤到戴有这种眼镜的人。这种眼镜很适合滑雪和驾驶帆船的人佩戴,摄影爱好者也常常备有这种偏振滤光镜。如图 3-78 所示。

材料:偏振滤光镜或者好的太阳镜,便宜的透明黏胶带

透过滤光镜,对着天空望去,这样偏振滤光镜就成了检偏器。转动滤光镜,在一个特定的位置,它使天空看起来变暗。这是因为天空视野被部分偏振。在与太阳光线成 90°角时,效果最强。如图 3-79 所示。

把一块便宜的透明黏胶带贴在滤光镜上,在变暗的情况下,也可以清晰地看到天空。这是因为黏胶带导致一种光的圆偏振。

所谓"圆偏振光",指的是一束光的电矢量在垂直于光传播方向的平面内的振动,电场矢量的大小不变,以一定的角速度匀速旋转。也就是说,电矢量端点的轨迹是一个圆。

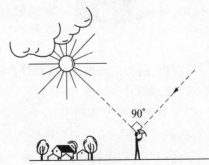

90°

图 3-79　太阳镜作为检偏器,使天空视野变暗(在与太阳光线成 90°角时,视野变暗的效果最佳)

透明黏胶带在这里充当了一个圆偏振片，穿过它的光是圆偏振光。这种光，没有特定的方向性，因此它使天空又变得亮了一些。穿过黏胶带的光，与滤光镜的位置无关。在太阳光被抹去的效果最强烈时如图 3 - 79 时的情况，黏胶带看上去会是亮的。

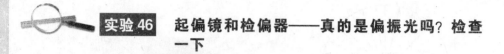

实验 46　起偏镜和检偏器——真的是偏振光吗？检查一下

材料：两个极化滤光镜或者好的太阳镜，光源

如果有两个极化滤光镜可利用，则一个可以作为起偏器，另外一个作为检偏器。通过两个滤光镜来看一个任意的光源，然后转动其中一个滤光镜，则光源会显得一会儿亮点，一会儿暗点。

这是因为，第一个极化滤光镜实际上是一个偏振片，它只让与允许透过的振动方向相平行的振动通过，所以任意光源发出的自然光波通过第一个滤光镜时，只有一个方向的线偏振光可以通过。也就是说，第一个偏振片是用来产生偏振光的，我们把它称为"起偏器"。

通过第一个偏振片的偏振光，如果其振动方向与第二个偏振片的允许透过的振动方向平行，则可以 100％通过第二个偏振片；如果其振动方向与第二个偏振片允许透过的振动方向垂直，则通过第二个偏振片的光波为 0％。其余的角度则介于其间。只要转动两个偏振片中的任意一个偏振片，就可以检验入射光波是否是偏振光。也就是说，第二个偏振片是用来检验线偏振光的，称为"检偏器"。

实验 47　有色彩的偏振光——便宜的透明黏胶带成了上色剂

材料：两个偏振滤光镜，幻灯片框，便宜的透明黏胶带（经过一些时间，有点带黄色的那种）

在极化的帮助下，可以看见组成光源光线的不同颜色成分。取出空的幻灯片框，把透明黏胶带纵横交错地贴在框上。

让幻灯片框保持在两个偏振滤光镜（用高档的两个太阳镜来代替）之间。望着一个任意的光源，转动其中一个滤光镜，可以看到带有颜色的光谱。因为透明黏胶带透过的圆偏振光，对不同的光谱颜色不同，因此各个颜色也会不同程度地抹去、不同程度地显现。如图 3 - 80 所示。

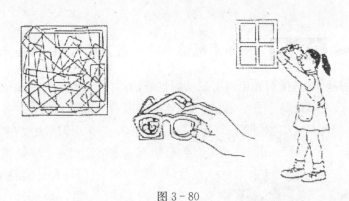

图 3－80

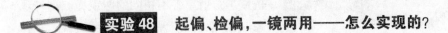

实验48　起偏、检偏，一镜两用——怎么实现的?

材料:偏振滤光镜,透明黏胶带,光亮的银币

把透明黏胶带贴在银币上,把银币放在桌子上。慢慢地转动滤光镜,在一个特定的位置上,黏胶带明显变暗。分析效果时,可作这样的考虑,光两次通过滤光镜,第一次滤光镜相当于起偏器,第二次则可作为检偏器。

当光源的光入射时,第一次通过滤光镜后,它使自然光波的电矢量过滤成线偏振光,而线偏振光又被分解成垂直于入射面*的 s(德文垂直 senkrecht 的第一个字母)方向,和平行于入射面的 p(德文平行 parallele 的第一个字母)方向。线偏振光再通过贴在银币或其他光亮的金属片上的透明黏胶带成为圆偏振光后,照射到金属表面(见图3-81)。当入射到金属表面的圆偏振光线被金属表面反射回来,先穿过透明黏胶带,又第二次通过滤光镜。这时,滤光镜是检偏器,使透过透明黏胶带的圆偏振光中,只有沿一定方向振动的线偏振光可以通过。

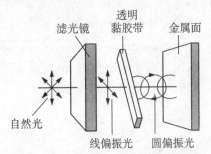

图 3－81　光源发出的自然光波,第一次经过滤光镜入射到光亮金属片上时的示意图(透明黏胶带是贴在金属表面的,为了显示圆偏振光而将二者分开画了)

―――――――――

* 注:入射面是入射光线与接收入射光的界面的法线组成的平面。如果入射光线是垂直于界面的,则入射面为垂直于界面的任意平面。

实验 49　双折射晶体——一条光线入射，两条光线出射

双折射晶体，是指对光束具有双折射性能的晶体。例如，取一块化学成分是碳酸钙($CaCO_3$)，且属于方解石的一种名叫冰洲石的晶体，放在一张有字的纸上，我们会看到双重的像（见图 3-82 左侧）。平常把一块厚玻璃放在字纸上，我

图 3-82　冰洲石双折射现象的照片

左侧"光"字透过冰洲石晶体，成双影；右侧"学"字透过玻璃，仍是一个清晰的"学"字。

们只能看到一个比实际字体稍微高一点的像（见图 3-82 右侧）（参见实验 23 折射 II 的第二段文字）。而在冰洲石内，两个像浮起来的高度不同。这表明，光在这种晶体内成了折射率各不相同的两束光。这种现象叫做"双折射"现象。而冰洲石就是一种双折射晶体。其他如石英、红宝石、冰也是双折射晶体。

双折射晶体使入射到晶体的一个表面的自然光分解成两束，其中一束光遵守折射定律（参见实验 25 折射定律），叫做"寻常光"，简称"o(ordinary)光"；另一束光不遵守折射定律，叫做"非常光"，简称"e(extraordinary)光"。

如果用一块偏振片当检偏器做实验（见图 3-82），来观察从双折射晶体射出的两束光（o 光和 e 光）就会发现，它们都是线偏振光，而且两束光的偏振方向相互垂直。如图 3-83 所示。

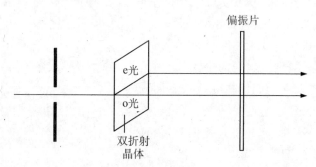

图 3-83　从双折射晶体射出的两束光[寻常(o)光和非常(e)光]及其偏振状态的实验

正是因为双折射晶体出射的两束光是振动方向相互垂直的线偏振光，因此，它们可以像偏振滤光镜一样，充当起偏器和检偏器。进行如下的实验：

材料:两个双折射晶体

偏振光的实验,也可以用两块双折射晶体(方解石)来做。这种双折射晶体有一种特性,能把光分成一束正常的和一束非正常的光线,它们的折射强度不同,而两束光线的偏振方向是相互垂直的。把一个这样的晶体置于一条光的线路上,就会表现出这种双折射。如果有两个晶体可利用,可以把两个晶体在同一条光的线路上重叠放置(见实验46,起偏镜和检偏器),慢慢转动其中一个晶体,则光线的数量和光线间的距离都会变化。

四、干涉和衍射

 实验50 **杨氏双缝干涉实验——最早的光波干涉实验**

　　1801年，杨氏（Thomas Young）做了世界上第一个光波干涉实验。在实验室里，他用一面镜子反射太阳光，经过一块红色滤光镜过滤，使阳光成为单色光束。再让这个单色光束穿过一个针孔，在投射到一间暗室里的屏幕上以前，用一张厚约1 mm的扑克牌，插入光束之中，使光束一分为二后，又会聚在一起发生干涉，就在屏幕上得到如图中的干涉图样。如图3-84所示。

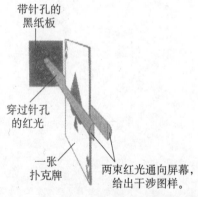

带针孔的
黑纸板

穿过针孔
的红光

一张
扑克牌

两束红光通向屏幕，
给出干涉图样。

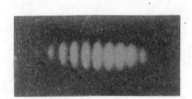

接收屏幕上的干涉图样

图3-84　最早的单色光干涉实验示意图及其所得到的干涉图样

　　读者也可以自己重复如上的实验。

　　材料：一支（单色性很强的）激光笔，一张扑克牌，接收屏幕或者白墙壁，一间黑屋子（或者晚上在室内关灯，就可以做上面的实验了）

　　杨氏干涉实验的原理如图3-85所示。

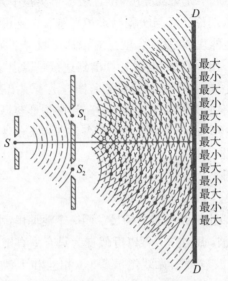

图 3-85　最早杨氏双缝干涉实验原理示意图
S 是单色点光源；S_1、S_2 是双缝；DD 是接收屏幕。
屏幕上的最大表示相长叠加的波峰，最小表示相长
叠加的波谷。把屏幕上的干涉图样用照相机拍下
来，会得到明暗相间的水平方向的条纹，转动 90°就
是图 3-84 的干涉图样。

　　图 3-85 中两列波干涉的波峰和波谷的相长叠加，产生新的更高和更深的
合成的波峰和波谷。而干涉波之间的相消叠加，则生成新的最小波幅。这些都
与水波干涉的情况十分相似（见上册第三部分，振动和波实验 39，叠加原理）。

　　把双缝干涉的计算结果与实验结果的图样排在一起进行比较，如图 3-86
所示。（为了简单明了、定性地说明问题，又能避开篇幅不允许的冗长讨论，计算
所得的图形中，没有标明应有的具体单位，只是大大简化后定性地用光强坐标的

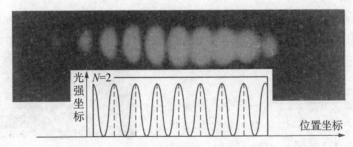

图 3-86　双缝（$N=2$）干涉实验图样与计算结果的对比十分吻合，
说明我们对双缝干涉的理解是正确的。

高度表示实验结果图形中光斑的亮度,位置表示与实验中光斑在接收屏上的位置相符合)由图可知,理论计算与实验结果相当符合。这说明,我们对双缝干涉的理解很到位。而这种理解的思路,就是对抵达接收屏上某一确定位置的两列光波,进行相位分析,相干叠加,然后计算出到达接收屏上这个确定位置的两列光波的合振幅,求合振幅的平方,就得到实验图样上表现出来的光强。

在实际中,看到水波干涉要比看到光波干涉的情形容易得多,因为波的干涉是需要条件的。归纳起来,产生干涉的必要条件即相干条件有三条:

(1)波的频率相同。

(2)振动方向相同。

(3)位相差稳定。

对于水波而言,以上三条很容易满足。同一个池塘里,水的固有振动频率是一样的;水波是标量波,振动方向可以近似视为只有垂直于水面的上下振动;宏观波源发出的波(水波、声波、无线电波等)位相差和干涉场的稳定是不成问题的。

而光波的振源是微观客体——光源中多个原子、分子,每个原子或分子先后发射不同的波列,各个波列之间在振动方向和位相上没有什么联系。许多断续的波列,持续时间比通常探测仪器的响应时间短得多。在图 3-85 所示的杨氏实验中,S_1、S_2 是从同一个单色光源 S 而来的、同一波面上两个次波的波源,它们永远有确定的位相关系。因此 S_1、S_2 是两个相干的光源。而图 3-84 中,滤光片或者激光笔保证了光源的单色性,一束光分成两束则保证了两束光频率相同,振动方向平行、位相差稳定。也就是说,杨氏实验是用分波解法,将同一列波分解为二列来实现光波干涉必须满足的三个相干条件的。

 实验51 **薄膜干涉——油污色彩的化妆师**

下雨天,我们会在街上看到,有彩色的斑痕出现在有油的地方(见图 3-87)。这些斑痕是油层正面和背面的波列被反射后相干涉的结果。

这些油层薄膜的干涉,都是必须满足三个相干条件的。即一束光投射到两种透明媒质的分界面上,光能一部分反射,一部分透射。因为光能流正比于振幅的平方,所以这

图 3-87 马路中水面上的一层彩色油膜

种光束的分割方式叫分振幅法。

最简单的分振幅法干涉,就是薄膜的干涉。入射光照射在薄膜的上表面时,它被分列为向上反射和向下折射的两束光。折射光在薄膜的下表面反射后,又经上表面透射,回到原来的空气媒质,在这里与上表面反射的光重叠而干涉。

油迹薄膜的干涉,可以在实验里模拟:

材料:黑色的盘子,几滴自行车油,牙签,手电筒,火柴,透镜

在黑盘子里装上水,用牙签蘸些自行车油滴在水的表面上。如果油层的厚度足够薄,你就能看到表面的彩色。

也可以用手电筒的光锥对准黑盘子里水的表面。借助一个透镜把水的表面投射到一个屏幕上时,也能看到水表面的彩色。为了投影,可以让一根火柴浮在水上,用作挪动透镜调焦时的观察对象,以使投影图像更清晰。

如果你手边没有黑色的盘子,你也可以用水加黑墨水来着色。把盘子放在窗边的木板上,看着水的表面,使反射的太阳光映入你的眼睛。然后滴很少几滴油在水的表面。

这个实验中,油膜有不同色彩的原因在于:参与实验的光源是太阳光或者手电筒的光,它们是非单色的,其中不同波长(波长与频率成反比,知波长就知频率)或者说不同颜色光的成分各自在薄膜表面形成一套干涉图样。由于各套干涉条纹的间隔与波长有关,也与薄膜的厚度有关(见实验52肥皂膜),因而各色的条纹彼此交错,在薄膜的表面形成色彩绚丽的干涉图样。所以说,薄膜干涉是油污色彩的化妆师。

实验52 肥皂膜——蝴蝶美丽的翅膀、孔雀漂亮的羽毛与此同理

材料:餐具洗涤剂和皂液,细金属丝,灯

我们知道,肥皂泡发微光,有像油斑一样的彩色。探究它的最好方式是用肥皂膜。把金属丝弯成一个环,把环浸入皂液里,以形成一个肥皂膜(见上册第三部分(振动和波)实验16(摆动的膜))。

拿住肥皂膜,使它沿铅垂方向,在一边用光照它。你会看到沿水平方向的彩带条,彩带慢慢地向下游移,并且变瘦。这是因为,铅垂方向的肥皂膜,由于重力的作用,越向下,膜越厚。而薄膜厚度越大,相邻亮条纹之间的距离越小,也就是说彩带变瘦。条纹越密,则越不易辨认,干涉效果也越差。

在看的过程中,进入眼睛内的是透过肥皂膜的透射光。它和反射光中看到的各个彩带的颜色是互补的。这是因为白光是由各种单色光组成的,如果透射光是某种颜色（如紫红色），则反射光中，因缺了这种颜色，就会呈现它的互补色（绿色）（见实验41——透射和反射颜色大不同）。

薄层干涉也常常是蝴蝶翅膀、鸟类的羽毛、甲虫的甲壳色彩斑斓的原因。

图3-88　巴西的一种蝴蝶（Morpho peleides）是眩目的蓝青色

比如，巴西蝴蝶翅膀中的虹彩现象（见图3-88）。光在这种蝴蝶翅膀里的一排排像镜子一样的微小的棱纹上反射，棱纹的大小和间隔使绿光和蓝光发生相长干涉，而红、橙、黄光发生相消干涉，所以这种蝴蝶呈蓝青色。

如果把蝴蝶翅膀细细磨碎，毁坏了翅膀中的棱纹，阳光不能再借此发生干涉形成美丽的蓝色，颜色也就消失了。因为翅膀上本身并不存在蓝青色的色素。

同样的机制也适用于孔雀、长尾鹦鹉、翠鸟和野鸭羽毛的颜色，只不过，这些羽毛中用小杆而不是棱纹来反射光，但是颜色的产生来源于对太阳光的薄层干涉机制是相同的。蜂鸟的羽毛则是用卵形小板来反射光，绿色甲虫甲壳上的薄层鳞片等也都产生薄层干涉呈现漂亮的虹彩颜色。

高温下，金属表面被氧化而形成的氧化层上，例如从车床切削下来的钢铁碎屑，也能看到因干涉而出现的色彩。

实验53　单缝衍射——最简单也最重要的衍射实验

材料：手指

伸展一只手，在食指和中指之间形成一条窄缝。用另一只手，做同样的动作，让两只手的手指重叠放置，使指缝变窄。保持两只手的手指在你一只眼睛的前方，紧挨着眼睛。对着明亮的天空透过指缝张望。经过一些练习，你会看到在指缝附近，有亮和暗的衍射带。在这里要强调的是，缝要尽可能的窄。除了向天空中望，也可以对着燃烧的烛焰望过去。

材料：玻璃板，铝箔，黏胶带，小刀或者剃须刀，蜡烛

利用黏胶带把铝箔固定在玻璃板上，在铝箔上用小刀或者剃须刀划一条细小的缝。点燃蜡烛，并把它放在约5 m远处。把玻璃板翻过来，让没有铝箔的一面对着你的眼睛，让一只眼睛紧挨着玻璃板的窄缝，透过缝隙观察烛焰。你可以看到衍射带，甚至能发现衍射带是彩色的。

为了简单地理解单缝衍射的现象，让我们看看实验室里与之相关科学实验

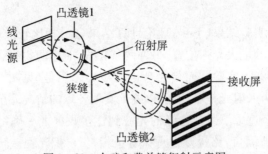

图 3-89　夫琅和费单缝衍射示意图

的设施、结果及其解释。

如图 3-89 所示,线光源发出的单色光经凸透镜 1 转换成平行光后,通过衍射屏上的狭缝衍射后,经凸透镜 2 成为平行光,抵达接收屏,形成中间明亮、两边明暗相间、光强逐渐变弱的条纹。这种(透过凸透镜 1 的)平行光发生的衍射在物理上也称为夫琅和费衍射(夫琅和费(Joseph von Fraunhofer),德国物理学家(1787.3.6—1826.6.7))。

图 3-89 实验装置与前面的简单实验的相似性在哪里呢? 图 3-89 中的凸透镜 2 相当于眼睛里面的、与凸透镜形状相似的、能够自动调节焦距的"晶状体";接收屏是眼睛视物的接收屏——视网膜;衍射屏上的狭缝,既可相当于简单实验中的金属箔上划出来的狭缝,也可相当于指缝。自然界的阳光本身就是平行光,而烛光光源,只要远离它一定的距离也可以视为平行光。因此图 3-89 中的线光源和凸透镜 1 组合,因为是用来产生平行光的,在简单实验中就可以省去了。当然,实验室中,光源是单色的,简单实验中的简单光源是有光谱色的。而这正是简单实验中,有时衍射图样是彩色的原因(详见本实验描述的最后一段)。

把接收屏上的衍射图样旋转 90°以后,与相应的计算结果所作的图形进行比较,如图 3-90 所示。

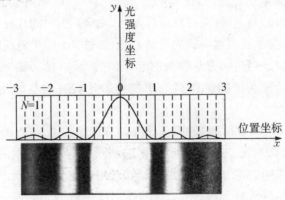

图 3-90　单缝($N=1$)衍射图样的实验结果(下)与计算
结果(上)的比较

衍射图样的实验结果(下)与理论计算结果(上)相比较发现,光强最大的中间位置对应实验的最大光强位置,另外两条亮线,对应两边光强较弱的位置。说明理论很好地解释了实验。而衍射理论的核心思想是(见图3-89),只考虑单缝上的一点,因为入射光是平行光,单缝上其他各点的情况完全相同。计算通过单缝上一点的、经过上下两个边缘的光波到达接收屏上一确定位置的光线路程差,对于前行的波而言,路程差也意味着位相差,再把光程差转化为光波振动的位相差,不同的位相进行叠加,可以得到接收屏上相应点光波振动矢量合振幅的大小,振幅大小的平方值就代表光强。

实验室中的实验,为了排除干扰,定量理解单缝衍射的物理本质,光源采用的是单色光。而在我们自己进行的实验中,太阳光和烛光光源都不是单色的。但正如干涉实验一样,每个单色光成分有自己的衍射图样,而不同波长的单色光之间的衍射亮线会错开一定的位置。于是我们会看到彩色的衍射图样。因为各色光衍射的最大光强,都在衍射角 $\theta=0°$ 的中心位置,如果光源是白光,中心零级光强最大,各个单色衍射的最大值在相同的地方汇合,就混合成为一条白色的亮色。其他各色主级亮线因波长的些微差别,造成亮线位置的差别,可能会表现出不同的光谱色。以下各个干涉和衍射实验都会碰到这个问题,其解答与这里相同,我们就不再另行提了。

实验54 双缝衍射——干涉、衍射兄弟情义浓的最佳显现

材料:玻璃板,蜡烛,两块剃须刀片

用烛焰在玻璃板下面烧的办法,在玻璃板上制造一层黑烟层。再把两块剃须刀片彼此紧紧地压在一起,在黑烟层上刻画直线,以制造一个非常窄的双缝。眼睛紧贴玻璃板的另一面,透过双缝看烛焰,观察其衍射的式样。

实验室里,在单缝衍射实验的基础上,把衍射屏上的单缝换成双缝就可以实现双缝衍射实验。但是因为双缝会引起光波的干涉(见实验50,杨氏双缝干涉实验),导致双缝衍射实验的图样与单缝衍射比较有明显的不同,如图3-91所示。

比较实验53(单缝衍射)的图3-90和双缝衍射图3-91的理论计算会发现,二者的主要区别是:双缝衍射光强的包络形状与单缝衍射的光强图样相同。我们把这个包络叫做单缝衍射因子。而在包络中包住的内涵,与双缝干涉的图样(见实验50杨氏双缝干涉,图3-86)排列是一致的。好像 $N=1$ 的衍射"弟

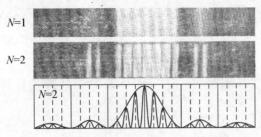

图 3-91　单缝($N=1$)衍射图样与双缝($N=2$)的
图样和计算结果的比较

弟"抱住 $N=2$ 的干涉"哥哥",使 $N=2$ 的衍射图样,本质上是一幅动人的干涉、衍射兄弟情义图。

 **实验 55　光栅衍射——单缝衍射和多缝干涉和谐共舞的结晶**

材料:鸟的羽毛,雨伞,蜡烛

在 1 m 至 2 m 远处,眼睛紧挨羽毛,透过鸟的羽毛中的细缝,看一只燃烧蜡烛的火焰,你能看到衍射的式样。用一把丝质材料做成的雨伞也能看到衍射花纹。

最简单的光栅衍射是多缝衍射。在实验室中的设施示意图如图 3-92 所示。

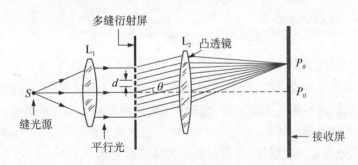

图 3-92　夫琅和费多缝衍射试验装置示意图(L_1 和 L_2 为凸透镜,
$d=a$(缝宽)$+b$(缝间不透明部分的宽度),θ 是衍射角,
P_0 是接收屏上 $\theta=0°$ 处的衍射线图样,P_θ 是衍射角为 θ
的衍射线图样)

与实验 53 单缝衍射实验装置图 3-89 类似,图 3-92 实验装置与前面简单的羽毛实验的类似之处在于:接收屏相当于眼睛的视网膜,凸透镜 L_2 相当于眼睛的晶状体,多缝衍射屏相当于布满细缝的羽毛,平行光是简单实验的自然光

源。不同的是,实验室中用的是单色光源,自然光源包含多种波长的光,但这只影响精确计算的结果,不会影响简单实验的观察,反而使简单实验的结果,变得绚丽多彩。

实验室中的多缝衍射实验结果图样及对应的理论计算图形如图 3-93 所示。

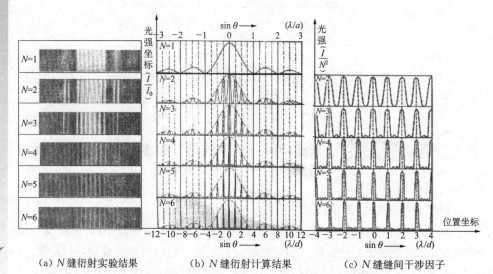

(a) N 缝衍射实验结果　　　(b) N 缝衍射计算结果　　　(c) N 缝缝间干涉因子

图 3-93　N 缝衍射实验结果与计算结果比较分析

图中 λ 为所用光源的波长,(λ/d) 为 $N=2\sim6$ 时横轴 $\sin\theta$ 的单位,(λ/a) 为图(b)中 $N=1$ 时横轴 $\sin\theta$ 的单位(见图 3-92),图(b)中纵坐标的 I_0 为 $\theta=0°$ 时接收屏上得到的中间最大光强。

如果只看实验结果[见图 3-93(a)],我们只有一种感觉,$N=1\sim6$ 的多缝衍射结果都是中间亮,两边还有一些亮条纹。随着衍射缝条数 N 的增加,衍射图样的光强越来越弱。除此之外,没有更多对多缝衍射实质上的理解。

有了多缝衍射计算结果[图 3-93(b)],可找到实验结果的精确表达:$N=1$ 时,光强的分布是分片连续的,我们称它为单缝衍射因子。$N=2\sim6$ 时,光强的分布则以单缝衍射图样为包络的、明暗相间的条纹为主,条纹的宽度随 N 的增大而变窄。但所有 $N=2\sim6$ 的多缝衍射的包络形状都与 $N=1$ 的衍射花纹相同。

而图 3-93(c)中,显示的是缝间干涉因子曲线。可以看出,它与左侧[图 3-93(b)]衍射计算结果——包络中间部分明暗条纹位置排列有很强的相似性,这给我们指出了衍射和干涉的本质联系。具体的计算显示,(c)图的缝间干涉因子分别乘以(b)中 $N=1$ 的单缝衍射因子,就可以得到(b)中相应的 $N=2\sim6$ 的光强分布图。

通过对图3-93(b)和(c)的分析,我们对(a)的实验结果的理解就深刻多了。这时,我们再来看它,是不是又有点新的感觉。正所谓,"感觉了的东西,不一定能理解它;而理解了的东西才能够更深刻地感觉它。"(毛泽东语录)图3-93中充分显示了多缝衍射是多缝干涉和单缝衍射和谐共舞的结果。

那么,"干涉"和"衍射"到底有哪些区别与联系呢? 实际上,干涉和衍射都是波的相干叠加的结果。只是干涉是有限束光的相干叠加;衍射是无穷多次波的相干叠加,二者的花纹都是明暗相间的条纹。不过,干涉花样的明暗条纹是均匀分布的,而衍射的条纹是相对集中分布的。由图3-93知,实际上,干涉衍射是同时存在的。

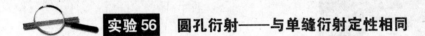 **实验56 圆孔衍射——与单缝衍射定性相同**

材料:黑纸板,玻璃板,铝箔,钉子,灯

用钉子在黑纸板和铝箔上分别戳一个小洞,把铝箔平整地粘贴在一块玻璃板上,用一个强力灯泡照亮黑纸板后面。在约一米远的距离,用一只眼睛紧贴玻璃板的另外一面,透过铝箔上的小洞观察黑纸板上的小洞光圈。这时,你会发现黑纸板上小洞的显现不再清晰,而是被亮的衍射环所包围。扩大黑纸板上小洞光圈和眼睛的距离至几米。在大距离的情况下,你能够发现,环是彩色的。

看看实验室里对平行光的夫琅和费圆孔衍射的研究,可以帮助我们理解以上的圆孔衍射实验的结果。实验室里的夫琅和费圆孔衍射的装置示意图如图3-94。

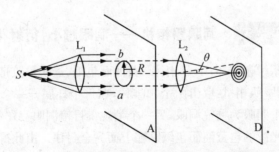

图3-94 夫琅和费圆孔衍射实验示意图(S为点光源
发出的光,通过透镜L_1转换成平行光,照射
到衍射屏A上的、半径为R的圆孔,通过圆
孔的光线,再经透镜L_2聚焦到观察屏D上,
角θ用以描述屏D上衍射花纹的位置)

图 3-94 的实验装置与前面实验 54 单缝衍射实验和实验 57 光栅衍射类似,接收屏 D 相当于眼睛的视网膜,凸透镜 L_2 相当于眼睛的晶状体,衍射屏 A 为实验中带小洞的黑纸板,光源 S 和透镜 L_1 相当于黑纸板后面的强力灯泡。

以上圆孔衍射的实验结果和计算结果如图 3-95。

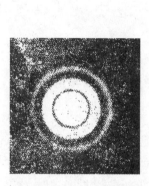
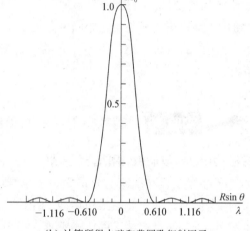

(a) 夫琅和费圆孔衍射实验结果　　　　(b) 计算所得夫琅和费圆孔衍射因子

图 3-95

由图 3-95 可见,夫琅和费圆孔衍射花样为明暗相间的同心圆。由计算得知,它的圆孔衍射因子与实验结果一致,中心圆的亮斑占据了入射光强的 84%。与单缝衍射(见实验 53,单缝衍射图 3-90)因子比较,二者定性相同。

 实验57　洞眼照相机——洞眼越小,衍射花样越好

材料:两个塑料咖啡杯,小刀,纸板,黄油面包纸,透明黏胶带,蜡烛

制造一个洞眼照相机:取出两个咖啡杯,在每个杯底开一个直径为 2 cm 的圆口。这里,一个洞眼为物镜洞眼,另一个是观察目镜洞眼。在一个咖啡杯开口的一边,用一块光滑的包黄油面包纸贴在上面完全封住。由此得到一个(与毛玻璃类似的)观察屏。现在,利用透明胶布把两个杯子开口的边缘对边缘粘在一起。

取 5 张咖啡杯杯底大小的小纸板片,在纸板中间分别开出直径为 1 mm、3 mm 和 10 mm 的圆孔,边长为 3 mm 的一个正方形和一个三角形的洞,用一张

这样的小纸板片,贴在一个咖啡杯底上,小纸板片的洞口对准原来咖啡杯底的较大一些的洞口,由此就完成了照相机的物镜。

在一间暗房间里,把你认作照相机的物镜洞眼对准一个被照亮的物体,比如一支蜡烛。用一只眼睛对着观察目镜洞眼观察。当物镜换了的时候,图像的清晰度和亮度有变化吗?观察在不同物镜的情况下衍射的结构。

你会发现,当物镜洞眼的口径越小,衍射现象越明显。口径越大,则衍射花纹越模糊,甚至看不到衍射花纹。如图3-96所示。

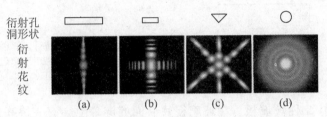

图3-96 不同形状衍射孔洞(物镜)及相应的衍射花样

以上在实验室中获得的衍射孔洞形状与对应的衍射花样图形,供我们实验时参考。

实验58 小片衍射

材料:蜡烛,玻璃板

在一间黑屋子里,点燃蜡烛,站在约5 m远处。拿着玻璃板,向玻璃板上呵气,直到出现蒙上一层有小水珠的水汽。用玻璃板的另外一面紧贴您的一只眼睛,细看烛焰。烛焰的像会被一层晕圈包围。

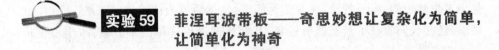

实验59 菲涅耳波带板——奇思妙想让复杂化为简单,让简单化为神奇

材料:玻璃板(约10 cm×10 cm),钻机,金刚砂纸(砂纸),小木头块,白纸板,纸板盒,强光灯或太阳光

菲涅耳(Fresnel)板也叫菲涅耳波带板,它是一块板,上面印刷有或者刻有同心圆。一块这样的板有类似于透镜组的特性。你可以自己制造一块这样的板,板上可以用金刚砂纸刻成同心圆。

为此,借助于钻机上一个大的螺杆把小的木头块夹紧。在小木头块的下边,贴上一层薄泡沫塑料,泡沫塑料下边是一块金刚砂纸。再把金刚砂纸放在一块玻璃板的上面,短时间地开一下钻机(见图3-97)。这样,就在玻璃板上形成了距离不规则的同心圆(见图3-98)。

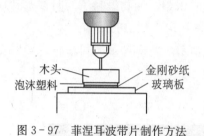

木头
泡沫塑料
金刚砂纸
玻璃板

图3-97 菲涅耳波带片制作方法

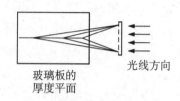

玻璃板的
厚度平面

光线方向

图3-98 制成后的波带片,沿光线方向看过去是直径不等的同心圆

在阳光中拿住玻璃板。在玻璃板片后面的屏幕上会有一块亮的斑痕。现在,把屏幕垂直于地平面方向摆放,让光带落在其上,你就能跟踪光的进程。

在纸板盒上开一个小的洞眼光圈,其直径大约与玻璃板片后面的光斑相同。在外界光线抵达接收屏幕的行进路程中拿住光圈。尽管光线确实能通过光圈,光线还是在接收屏幕上消失了。也就是说,穿过圆孔的光线在接收屏上是黑点。

相反,你裁出一个直径约1~2 cm圆形的纸板片,在光线中拿住它,光线却能在被阻碍的后面的接收屏上看到。也就是说,经过圆屏的光线没有被阻挡,反而在接收屏上出现亮点。

为什么孔洞会让穿其而过的光线消失,圆形屏障却挡不住光线在屏障后面显现?这些问题,有的甚至在1818年难倒世界级的权威科学家泊松。所有这些难题的解决都来自当时集衍射研究之大成之一的伟大光学家菲涅耳(Fresnel)。是他奇思妙想的"半波带法"化复杂为简单,又化简单为神奇。而正是这个"半波带法"还使我们收获了具有透镜特色,甚至比透镜更优越的半波带片,半波带片又为我们带来更多的、更有用的技术实惠。

以下故事有点长,耐心看完它,你一定会真切体会奇思妙想的神奇!

让我们先来欣赏一下,菲涅耳的"半波带法"的聪明创意,如何使复杂的、点光源的圆孔衍射问题,大大地简化而又一目了然。

所谓"半波带法"就是把任一瞬间穿过圆孔的、以点光源 O 为球心的、半径为 R 的球面波面分成若干半波带,每个半波带到达与球心相连的、对称轴上任意一个确定点 P 的距离相差 $\lambda/2$(半个波长),如图3-99所示。

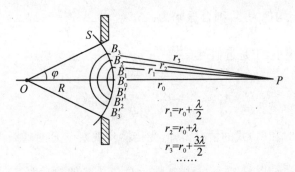

$r_1 = r_0 + \dfrac{\lambda}{2}$

$r_2 = r_0 + \lambda$

$r_3 = r_0 + \dfrac{3\lambda}{2}$

……

图 3-99 半波带法：点光源 O 发出的球面波面 S 被分成若干到达

P 点的距离相差半个波长 $\left(r_k = r_0 + k\dfrac{\lambda}{2} \right)$ 的半波带。

图中只画了 OP 连线的上半部分，下半部分 B'_1P，B'_2P

和 B'_3P 的情况与上半部分对应的情况相同。

"半波带法"最明显的好处，也是这个创意的灵感之源，就是光波抵达 P 点的合振幅的计算。因为每个确定的半波带到达 P 点的振幅和位相都是确定的，且只与到 P 点的距离 r_k 有关，r_k 越大，到达 P 点的振幅 a_k 越小，即：

$$a_1 > a_2 > a_3 > \cdots > a_k > a_{k+1} > \cdots \tag{1}$$

半波带的特点就是，相邻两个波带所发的次波到达 P 点的位相正好相反。所以，由 k 个半波带所发次波到达 P 点的合 A_k 为：

$$A_k = a_1 - a_2 + a_3 - a_4 + a_5 \cdots + (-1)^{k+1}a_k \tag{2}$$

式中最后一项的正负号，由 k 的奇偶性决定，k 为奇数时取正号，k 为偶数时取负号。为了计算(2)式，把取正号($k=$奇数)的分振幅分成两部分：

$$a_1 = a_1/2 + a_1/2, \quad a_3 = a_3/2 + a_3/2, \cdots$$

当 k 为奇数时：合振幅 A_k 的最后一项应为正，于是有：

$$A_k = \frac{a_1}{2} + \left(\frac{a_1}{2} - a_2 + \frac{a_3}{2} \right) + \left(\frac{a_3}{2} - a_4 + \frac{a_5}{2} \right) + \cdots + \left(\frac{a_{k-1}}{2} - a_{k-1} + \frac{a_k}{2} \right) + \frac{a_k}{2}$$

由(1)式知，a_k 随着序数 k 的增加而减小，又因相邻振幅相差非常小，所以上式括号里均可以近似为零。结果合振幅为：$A_k = \dfrac{a_1}{2} + \dfrac{a_k}{2}$($k$ 是奇数) $\tag{3}$

当 k 为偶数时：合振幅 A_k 的最后一项应为负，于是有：

$$A_k = \frac{a_1}{2} + \left(\frac{a_1}{2} - a_2 + \frac{a_3}{2} \right) + \left(\frac{a_3}{2} - a_4 + \frac{a_5}{2} \right) + \cdots + \left(\frac{a_{k-3}}{2} - a_{k-2} + \frac{a_{k-1}}{2} \right) + \frac{a_{k-1}}{2} - a_k$$

其中括号里的值均视为零,则合振幅为:$A_k = \frac{a_1}{2} + \frac{a_{k-1}}{2} - a_k$。因为相邻的振幅

a_{k-1} 和 a_k 相差很小,于是近似可有 $\frac{a_{k-1}}{2} - a_k \approx -\frac{a_k}{2}$,这给出:

$$A_k = \frac{a_1}{2} - \frac{a_k}{2} \quad (k \text{ 是偶数}) \tag{4}$$

综合以上(3)和(4)式的情况得知,光传播到观察点 P 时的振幅为:

$$A_k = \frac{a_1}{2} \pm \frac{a_k}{2} \quad (k \text{ 是奇数时取} +, k \text{ 是偶数时取} -) \tag{5}$$

即光波传到 P 点的合振幅只与第一个带和最末的第 k 个半波带到 P 点的振幅有关。如果穿过圆孔的半波带的个数不是整数,那么 P 点的合振幅介乎上述的最大值和最小值之间。一个由点光源发出的光,穿过圆孔到轴线 OP 上任意一点的合振幅,想起来是一件很复杂的事,现在却变成像(5)式那样,形式简单,物理内容也简单到只考虑两个(第一个和最末一个)半波带的振幅。

以上的简单计算说明,当置于 P 点处的观察屏沿着圆孔的对称轴线 OP 前进时,屏上将看到光强不断地变化。当 P 点的合振幅满足(3)式时,P 点的光较强,当 P 点的合振幅满足(4)式时,P 点的光较弱。其他情况下,P 点的光强介于二者之间。

改变圆孔的位置会改变 OP 的长度,改变圆孔的半径,会改变所包含的半波带的个数,这些都会引起在给定观察点的光强的变化。

极端情况下,当圆孔的半径无限大,也就是整个波面完全不被遮挡,则由最后一个半波带所发次波到达 P 点时的振幅 a_k 无限小,这时到达 P 点的合振幅

$$A_\infty = \frac{a_1}{2} \tag{6}$$

这表明,没有遮挡的整个波面,对 P 点的作用,就等于第一个半波带对该点作用的一半。

另外一种极端情况是,圆孔特别小,对应观察点 P,圆孔只让一个半波带通过,则:

$$A_{k=1} = \frac{a_1}{2} + \frac{a_1}{2} = a_1 \tag{7}$$

即 P 点的合振幅是完全没有光阑时的两倍,光强(振幅平方)则增强到 4 倍。

半波带法还可以推广到点光源的圆屏衍射(见图 3-100)。

这时只需认为,圆屏遮住了最初的几个半波带,P 点的合振幅从第 $k+1$ 个波带算起,直到 $k \to \infty$。先假设 $k+1=$ 奇数,即第 $k+1$ 个半波带是波峰即亮带。如果碰上 $k+1=$ 偶数,$k+1$ 个半波带是波谷,即暗线也没关系,因为过了波谷必是波峰,第 $k+2$ 个半波带就是波峰半波带,或者说是亮带。于是有:

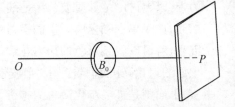

图 3-100　点光源 O 的圆屏衍射(B_0 是圆屏的圆心,P 为观察屏上 OB_0 延长线上的一点)

$$
\begin{aligned}
A &= a_{k+1} - a_{k+2} + a_{k+3} - a_{k+4} + a_{k+5} + \cdots \\
&= \frac{a_{k+1}}{2} + \left(\frac{a_{k+1}}{2} - a_{k+2} + \frac{a_{k+3}}{2} \right) + \left(\frac{a_{k+3}}{2} - a_{k+4} + \frac{a_{k+5}}{5} \right) + \cdots \\
&= \frac{a_{k+1}}{2}
\end{aligned}
$$

根据(1)式,上式多个括号中的值均近似为零,省略号后面的值越来越小,直至小到趋于零。于是得到圆屏衍射时,圆屏后面轴线上一点 P 的合振幅为:

$$
A = \frac{a_{k+1}}{2} \tag{8}
$$

此式说明,无论圆屏的大小和位置怎样,圆屏几何影子的中心永远有光。当然,圆屏的面积越小,被遮挡的半波带的数目 k 越少,因而 a_{k+1} 的振幅值越大,到达 P 点的光越强。变更圆屏和光源之间或圆屏和观察屏之间的距离,k 会随之改变,因而也影响 P 点的光强。假设圆屏足够小,只遮住中心半波带的小部分,则光好像完全可以绕过圆屏,除了圆屏影子中心有亮点以外,不再有其他影子或亮点。这个初看起来似乎不可思议的结论,是当年的物理学大权威泊松于 1818 年在巴黎科学院研究菲涅耳论文时,作为论文谬误的证据提出来的。但是另外一位科学家阿喇果的实验,证明了菲涅耳的结论是对的。

以上讨论的是圆孔和圆屏衍射在轴 OP 上一点的振幅和光强,偏离 OP 轴线上的点、即 OP 轴线外一点的振幅与光强的计算分析就比较复杂,这里就不讨论了。

以上的讨论还假定了 O 是理想的点光源。但实际上,光源都有一定的大小。光源的每一个点各自产生自己的衍射花样。光源的线度应该小到,一点产生的亮条纹不会落到另外一点所产生的暗条纹上去。否则,由于光源上不同的点之间光强的不相干直接叠加,衍射花样就会完全模糊了,这也是通常情况下,不容易看到衍射花样的原因。

另外,以上讨论是针对波长 λ 是确定的单色光而言的,通常的白光包含多种颜色的光,如果单个颜色所产生的衍射花纹彼此分开的距离,不足以让视觉产生加法混色,就可以看到彩色的衍射花纹了。

上面的讨论,让我们看到了"半波带法"把复杂的点光源衍射问题化为简单的事实,下面则是进一步化简单为神奇了。菲涅耳想,既然相邻的半波带到同一点 P 的位相相反,如果把其中反相的部分全部涂黑用以挡光,只让同相的半波带到达 P 点,那 P 点会聚的光强不是大大增强,P 点也相当于一个聚焦镜的焦点了吗?这就是菲涅耳波带片(见图 3 - 101)的由来。(前面的简单实验中,因为玻璃板比较厚,波带片被称之为"波带板",从物理学上讲,二者是一回事。)

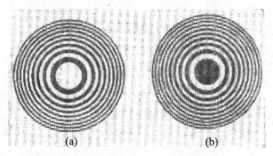

图 3 - 101　分别涂黑偶、奇半波带的菲涅耳波带片

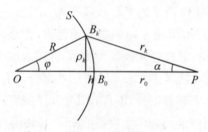

图 3 - 102　推导波带片焦距的示意图
(与图 3 - 99 类似)

再用一点简单的数学(见图 3 - 102)探究一下,会发现菲涅耳波带片从定量上看确实具有凸透镜一样的聚焦特点,但不是像透镜那样一个透镜一个焦距,而是一个波带片可以有多个焦距。

如图 3 - 102 所示,在 $\triangle OPB_k$ 包括的两个直角三角形中,根据勾股定理有:$\rho_k^2 = R^2 - (R-h)^2 = r_k^2 - (r_0 + h)^2$,展开为:

$$\rho_k^2 = R^2 - (R^2 - 2Rh + h^2) = r_k^2 - (r_0^2 + 2r_0h + h^2) \tag{9}$$

由式(9)得

$$2Rh = r_k^2 - r_0^2 - 2r_0h \Rightarrow h = \frac{r_k^2 - r_0^2}{2(R+r_0)} \tag{10}$$

由图 3 - 99 知,$r_k = r_0 + k\dfrac{\lambda}{2}$,此式两边取平方后移项,得到:$r_k^2 - r_0^2 = kr_0\lambda +$

$k^2\left(\dfrac{\lambda}{2}\right)^2$。因为 λ 比 r_0 小很多，右边第二项的 λ^2 项可以略去不计，于是有近似式：

$$r_k^2 - r_0^2 \approx k r_0 \lambda \tag{11}$$

将式(11)代入式(10)式有：

$$h = k\frac{r_0}{(R+r_0)} \cdot \frac{\lambda}{2} \tag{12}$$

由式(9)有：$\rho_k^2 = r_k^2 - (r_0^2 + 2r_0 h + h^2) = r_k^2 - r_0^2 - 2r_0 h - h^2$

由于 h 比 r_0 小很多，h^2 则更小，上式中右边最后一项 h^2 可以略去，可得：

$$\rho_k^2 = r_k^2 - r_0^2 - 2r_0 h \tag{13}$$

将式(11)和式(12)代入(13)式，得到：$\rho_k^2 = k r_0 \lambda - 2r_0 k\dfrac{r_0}{(R+r_0)} \cdot \dfrac{\lambda}{2} = k\dfrac{r_0 R}{R+r_0}\lambda$。此式也可以写成：$k = \dfrac{\rho_k^2(R+r_0)}{\lambda r_0 R} = \dfrac{\rho_k^2}{\lambda}\left(\dfrac{1}{r_0} + \dfrac{1}{R}\right)$，进一步写成类似于凸透镜的物像公式形式为：$\dfrac{1}{R} + \dfrac{1}{r_0} = \dfrac{1}{\left(\dfrac{\rho_k^2}{k\lambda}\right)}$。其中球面波半径 R 是点光源 O 的物

距，r_0 是在轴线 OP 上，点光源 O 在 P 点成像的像距。透镜焦距的物理意义，就是当物距 R 趋于无穷大（$R \to \infty$）时，即发光点在无穷远处或平行光入射时的像距 $r_0 = \dfrac{\rho_k^2}{k\lambda}$，就像在凸透镜物像公式（见实验 31 投影定律）中 $\left(\dfrac{1}{f} = \dfrac{1}{o} + \dfrac{1}{i}\right)$ 中一样。于是有菲涅耳波带片的焦距为 $f = \dfrac{\rho_k^2}{k\lambda}$。当 $k=1$ 时 $f_1 = \rho_1^2/\lambda$ 称为主焦距，对应此焦距的焦点 P_1 是波带片的主焦点。除此之外，还有一系列次焦点，它们对应的焦距分别是 $f/3$，$f/5$，$f/7\cdots$ 这些都是波带片的实焦点，即在这些点上有实际的光线会聚与此。每块波带片除了有几个实焦点外，还在以波带片为对称面的实焦点的对称位置上（即 $-f$，$-f/3$，$-f/5$，$\cdots$）存在一系列的虚焦点，如图 3-103 所示，可以看到虚焦点处有个亮点。

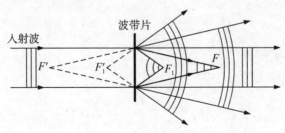

图 3-103 波带片的实焦点 F_1、F 和虚焦点 F'_1、F'

波带片与笨重的透镜相比较,具有面积大、轻便的特点,特别适宜用于远程光通讯、测距和宇航技术中。波带片的产生和广泛的用途,实际上是将已经化复杂为简单的"半波带法"的奇思妙想,进一步化简单为神奇了。

 实验60 　障碍衍射——障碍处发亮,障碍外变暗

材料:头发

在眼睛前方,拿住一根垂吊的头发,对着一个光源看它。过一会儿,你会发现,头发是一根亮线,围绕头发的右边和左边是暗线。

这其中的原因,在看了前面的圆屏衍射的几何阴影处为亮点(见实验59,菲涅耳波带板的图3-100前后)的解释,应该不难理解。垂吊的头发相当于竖直方向上连续分布的屏障,既然各个竖直方向的单元屏障可以有亮点出现在几何阴影之内,那么连续分布的一条竖直屏障,在几何阴影内出现整根的亮线,就不足为奇了。

当然,因为头发很细,可以有上述效果。如果换成一根木棒,虽然也可以使几何阴影处有亮光,但因光线太弱,肉眼根本感觉不到。

参考文献

［1］Pereimann J. Unterhaltsame Physik［M］. Verlag HarriDeutsch，1985.

［2］New UNESCO Source book for Science Teaching［M］. Paris：UNESCO，1973.

［3］Zeier E. Physikalische Freihandversuche，Kleine Experimente［M］. Koeln：Aulis Verlag，Deubner & Co KG，1985.

［4］Mandell M. Physics Experiments for Children［M］. New York：Dover Publications，Inc，1959.

［5］Zeier E. Keine Angst vor Physik［M］. Koeln：Aulis Verlag，Deubner & Co KG，1984.

［6］Wittmann J. Trickkiste 1［M］. Bayrischer Schulbuchverlag，1983

［7］Haase K，Lehmann D. Nanos Physik Abenteuer［M］. Koeln：Aulis Verlag，Deubner & Co KG，1985.

［8］Perelmann J. Unterhaltsame Aufgaben und Versuche［M］. Verlag HarriDeutsch，1977

［9］（苏联）别莱利曼雅著，符其珣，滕砥平译. 趣味物理学［M］. 长沙：湖南教育出版社，1999.

［10］别莱利曼著，滕砥平译. 趣味物理学（续编）［M］. 北京：中国青年出版社，1964.

［11］漆安慎，杜婵英. 力学基础［M］. 北京：人民教育出版社，1982.

［12］赵凯华，罗蔚英. 力学［M］. 北京：高等教育出版社，1995.

［13］赵凯华，钟锡华. 光学（上下册）［M］. 北京：北京大学出版社，1984.

［14］（美）Gilbert Pupa，Haeberli Willy 著，秦克诚译. 艺术中的物理学［M］. 北京：清华大学出版社，2011.

［15］徐龙道等. 物理学词典［M］. 北京：科学出版社，2004.

［16］《物理学大辞典》编辑组编. 物理学大辞典［M］. 香港：中外出版社，1980.

［17］赵凯华，陈熙谋. 电磁学（上下册）［M］. 北京：人民教育出版社，1978.

［18］梁灿彬，秦光戎，梁竹健. 电磁学［M］. 北京：高等教育出版社，1980.

［19］（美）w. 塞托编著，金树武，姜锦虎，沈保罗等译，魏墨盦审校. 声学原理概要和习题［M］. 杭州：浙江科学技术出版社，1985.

［20］华东师大物理系普通物理教研组编. 普通物理学思考题题解［M］. 上海：上海科学技术文献出版社，1982.

［21］华东师大普物教研室编. 大学物理选择题［M］. 北京：北京工业学院出版社，1987.